机器人

爱好者 第2辑

美国SERVO杂志／著 符鹏飞 况琪 邱俊涛 赵俐 等／译

人民邮电出版社

北京

图书在版编目（ＣＩＰ）数据

机器人爱好者. 第2辑 / 美国SERVO杂志著；符鹏飞
等译. —— 北京：人民邮电出版社，2017.2
ISBN 978-7-115-44299-4

Ⅰ. ①机… Ⅱ. ①美… ②符… Ⅲ. ①机器人－基本
知识 Ⅳ. ①TP242

中国版本图书馆CIP数据核字(2017)第002538号

版 权 声 明

◆ 著　　　[美] SERVO 杂志
　　译　　　符鹏飞　况　琪　邱俊涛　赵　俐　等
　　责任编辑　陈冀康
　　责任印制　焦志炜

◆ 人民邮电出版社出版发行　　北京市丰台区成寿寺路 11 号
　　邮编　100164　　电子邮件　315@ptpress.com.cn
　　网址　http://www.ptpress.com.cn
　　北京捷迅佳彩印刷有限公司印刷

◆ 开本：787×1092　1/16
　　印张：13.25
　　字数：302 千字　　　　　　　2017 年 2 月第 1 版
　　印数：1－3 000 册　　　　　2017 年 2 月北京第 1 次印刷
　　著作权合同登记号　图字：01-2016-2255 号

定价：69.00 元
读者服务热线：**(010)81055410**　印装质量热线：**(010)81055316**
反盗版热线：**(010)81055315**

内容提要

本书是美国机器人杂志《Servo》精华内容的合集。

全书根据主题内容的相关性，进行了精选和重新组织，分为 5 章。第 1 章介绍了机器人的历史、发展状态以及前景，特别关注了机器手和机器臂的设计和发展、机器人的原型设计和制造、Robot Hut 机器人博物馆，以及警用机器人和安保机器人的应用和发展。第 2 章是新款机器人的产品实测，介绍了 HelloSppon 机器人和 Apeiros 机器人。第 3 章是"跟 Mr.Roboto 动手做"的专栏文章。第 4 章是系列文章的合集，包括手工焊接基础的文章，以及一些机器人 DIY 的文章。第 5 章是全球机器人领域最新的研究动态和资讯。

本书内容新颖，信息量大，对于从事机器人和相关领域的研究和研发的读者具有很好的实用价值和指导意义，也适合对机器人感兴趣的一般读者阅读参考。

01

机器人技术概述——现状与未来

02

机器人产品

03

跟 Mr.Roboto 动手做

04

机器人 DIY

05

机器人最新资讯

机器人技术概述
——现状与未来

机械手和机械臂

Tom Carroll 撰文　雍琦 译

人类是神奇的物种，现在，我们几乎可以用机器人技术复制人类了。人类凭借独特的大脑、眼睛和四肢，完成了不可思议的成就。特别是人类的手，能够实现一系列复杂的动作。机器人专家已经设计并研发出数以千计的仿生手，但没有一种可堪与真正的手比拟（图1）。

图1　人类手骨

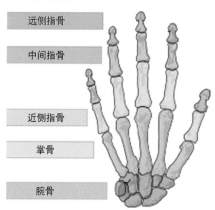

多少有点"人类中心主义"的感觉，我们常对人类特有的"对生拇指"赞不绝口。拇指与其他四指配合工作，可以灵巧地握住并操控物体。不过，仔细想一下，如果没有手臂的配合，我们的手就无法在较大范围内运动自如。正是凭借身体及其各部位的协调活动，我们才得以正常生活。

将人类身体的物理功能迁移到机器人身上，说难也难，说简单也简单。

图2　Squirt 机器人，手套内的手指是可活动的

虽然不见得每一个机器人玩家都会给自己的机器人安装机械手，不过，确实有许多人问我这方面的问题。过去几年里，我制造的机器人基本上都装配了机械手，有的能用，有的则需经过改装才能用。

图2展示的是我1985年左右制造的一个机器人，名叫 Squirt。它的身体原来是一个工业用重型塑料化学桶，手部则是用工业手套做的，手套里面是用聚乙烯管做成的手指，手指指节处割了几条缝。每个手指都连着线缆，由一台绞盘电机驱动。一只手上5个手指的线缆都绑在一起，此外还加装了螺旋弹簧，用以辅助拉力。

没过多久，指节处就开始断裂了。特别是有一个万圣夜，上百个来玩的孩子都要 Squirt 给他们端蛋糕，它实在不堪重负。后来我做了一点改进，在指节处对聚乙烯管进行软化，而不是切割。

用什么样的机械手好

我在一所中学担任机器人俱乐部教练，在俱乐部里，我们玩过多种VEX机器人，包括机械手套装，如图3所示。后来，同学们想进行一次机器人相扑比赛，一方是机器人班制造的乐高机器人，另一方是机器人俱乐部的VEX机器人。同学们最先提出的武器方案，就是VEX机械手，可以在比赛中抓住对手。我对他们解释说，比赛的目标是把对手挤出边界，而不是抓住对手将其扔出去。接着我问他们："想想看，怎样设计机械手和机械臂，才能实现比赛目标？"

图4展示的是一款VEX Clawbot机器人。这就是我们俱部乐为相扑比赛准备的试验品。前些年，学校购买了大量VEX零件（图5），我和另一名教授Tylor Hankins都觉得应该好好利用这些材料，结合VEX ARM Cortex微控器，为俱乐部打造一款比赛机器人。

在机器人外形方面，我们决定以NASA火星车好奇号为原型，不过要适当缩小。在零部件方面，我们主要以ServoCity和Actobotics的配件、马达和轮子为材料。ServoCity的Brian Petty及其团队，热情地给予我们帮助，不论是机器人设计，还是零部件选择，他们都提出了宝贵的建议。

部署机械手或末端执行器

同样是机械手和机械臂，工业用的价钱远高于实验性的。因为前者的速度和精准度都比后者高出很多，对于特定任务的适应性也更高。请看图4所示的VEX Clawbot机器人，它只有两个运动轴，一个是机械臂的抬降动作，一个是机械手的开合动作。

不论是控制机械臂还是控制机械手的马达，都没有轴

图3　VEX机械手套装

图4　VEX的ClawBot机器，机械手很漂亮

图5　Ridgefield中学采购的VEX零部件

端编码盘，不过这也不一定是坏事。通过远程操纵，VEX Clawbot 机器人还有第三个运动轴，即以差速马达控制两组轮子，实现行进和转向。这样，我们的机器人就可以"瞄准"对手，抓住它，并把它推到其他地方。

我们就机械手在机器人比赛中的用处进行了探讨。为什么要用手呢？为什么不在我们的机器人前部安装一个斜面？这样它就能冲过去直接掀起对手，让它翻到界外。

在提出斜面方案之前，我告诉过同学们，用机械手当武器在技术上是有一定困难的。我们也探讨过机械手只有一个运动维度的问题。此外，只有当机械手一直降到地面或桌面的高度，它才是"水平"的。而只有当机械手降到"水平"位置，纵向摆动的机械臂才能发挥足够的作用。

使用感应器操纵机械臂和机械手

就如何部署机械手的位置，同学们进行了分组讨论。有一组提出，使用 VEX 超音速远程感应器配合机械臂和机械手。在图 4 中可以看到这种感应器，就是底盘前部那个红色的东西。

感应器可以感应很多东西，不过在比赛中，应该让它只对场上的另一个机器人作出感应。但是，因为感应器的探测光束的光谱较广，机器人就不能分辨抓取对象，也就不能在比赛中发挥正确作用。最后，同学们决定听取我的建议，改用斜面做武器，并用 RobotC 语言为机器人编程，让机器人本身跟着感应器走。

设计带机械臂和机械手的机器人

有不少玩家在一开始制作的是相对简单的底盘，后期再增加带机械手的操纵器，这种做法当然是可行的。不过，如果能在设计时就考虑好机械臂和机械手的部署，那就更好了。请务必牢记，设计机械臂时有诸多因素需要考虑。

图 6 CrustCrawler Nomad 机器人，使用 AX12 机械臂

图 6 展示的是 CrustCrawler 机器人（Alex Dirks 于 2010 年推出），这款机器人设计得很好，机械臂之外留有一块干干净净的空间，大小约是 45.7 厘米 ×35.6 厘米。机器人内部也留有 10.2 厘米见方的空间，用以安装电子设备。CrustCrawler Nomad 机器人使用 Parallax 充气轮胎和齿轮马

达，牵引力较大，而马达的重量可以抵消机械臂的载荷重量。设计机器人时要注意，不要让零部件、感应器和其他附属装置挡住机械臂的活动。

图 7　装配 Parallax 机械手的 Boe-Bot 机器人

机械臂的运动范围较大，其本身及抓取物都有一定重量，如果没有设计好重心，机器人就很有可能在快速移动过程中翻倒在地。Parallax 公司在为其广受欢迎的 Boe-Bot 机器人设计机械手套装时，就考虑到了这一点（图 7）。

请注意看，重量最大的部件（伺服电机）安装在机器人后部与手爪相对的位置。这样能让机械手抓取较重的物体，而不至于倾翻。这是多么好的工程实践案例啊！

我在 Boe-Bot 和 ActivityBot 两款机器人上都安装了机械手，发现平行机械手的抓取效果更好，大概是因为机械手内侧有橡胶垫的缘故。Boe-Bot 属于桌面型机器人，是一个极佳的机械手和感应设备测试平台，很适合机器人比赛。

在铰链式机械臂上安装机械手

正如我本文开始时提到的那样，人类的手之所以灵巧有用，是因为拇指和其他四指的巧妙配合。图 4 展示的 Clawbot 是一款优秀的教育型机器人，但它的机械手功能有限，只能抓取竖长形的，或是贴近地面或桌面的物体。这种机器人的设计初衷，是为了让学生理解机器人的运动方式，其程序设计也只是对应于某种特定任务。

图 8　CrustCrawler 的 pro 系列机械臂

作为机器人玩家，我们不需要工业用机器人那样的速度和精准度。但是，通过精心设计，我们仍能让机械臂拥有 3 个或更多的活动角度。

人手受其自身结构所限，不能像马达或伺服电机那样做连续反转运动。人类手腕的转动极限大概是 180 度，肩膀、手肘、掌骨及趾骨的转动范围都更小。

图 8 展示的是 CrustCrawler 机器人的一种机械臂。这种机械臂使用两个 Robotis Dynamixel 旋转驱动器，

分别驱动机械手的两个手指。机械手腕以及各个臂弯，都使用单独的 Dynamixel 旋转驱动器，底盘上另有两个驱动器。通过这样的配置，能产生最佳扭矩。底盘内还有一个驱动器，用以旋转机械臂本身。这样，共有 8 个驱动器，驱动 7 个关节，能在花费相对较少的情况下，尽可能地增大机械臂的有效荷载。

图 9　装配了机械臂的 ServoCity/Actobotics 机器人

图 9 展示的机器人使用了另一种机械臂，采用的是线性驱动器。线性驱动器驱动臂杆上的螺母上下运动，运动幅度取决于臂杆转幅。螺母连接着臂杆内的套管，套管的运动类似于液压筒。

我在这款机器人上使用的线性驱动器由 ServoCity 出品，产生的力量为 500 牛。底部较短的那个行程为 50 毫米，另一个行程为 100 毫米。整个机器人使用的都是 Actobotics/ServoCity 零部件，包括轮子和马达。机械臂、机械腿以及其他活动部件，都受控于线性驱动器。这种设计适用于多种机械臂，但也不是放之四海皆准。请注意看这个机械臂，较长的那个线性驱动器约有 6 个孔洞长，而机械臂有 25 个孔洞的长度，也就是说，它们的配比是 1:4.16。因此，以 500 牛除以 4.16，最终能得到得到大约 120 牛的抬升力。较短的驱动器控制机械臂和套管的前后向运动。

图 10　Firgelli L12-S-2 线性驱动器

机械手由两个 RobotZone 伺服电机驱动，手指则由一个较小的 Firgelli 线性驱动器驱动（图 10）。这些小型驱动器只有手指大小，但输出功率能达到 54 瓦，还能像伺服电机那样进行调试。

机械手的种类

机械手的种类极多，有的使用磁力，有的使用真空吸盘，还有的甚至使用变形沙袋裹住物体。液压、真空或空气动力都可以用来驱动机械臂，原理同我们的肌肉受动差不多。接下来，我们将重点介绍电机系统驱动的机械臂和机械手。

机械手的通用配置

最受欢迎的业余机械手之一是平行机械手。Parallax 的 ActivityBot 和 VEX 的 Clawbot 使用的都是平行机械手，不论两个手指如何运动，它们始终保持平行。请注意，Parallax 机械手的手指是平的，内侧粘有橡胶垫，而 VEX 机械爪的手指有两个凹曲，内侧也有橡胶垫。平行机械手给人的第一印象，就是善于抓取平面物体，或者至少有一对平行面是平的。但它也有一个缺点，就是抓取物体时不能完全贴合其表面，这就有可能造成抓取物在机械手内滑动或摇摆。如果手指和齿轮稍稍倾斜一点，或者给手指粘上橡胶垫，情况就会好很多。图 11 展示的 Robotiq 机械手，采用了一种特别的设计，兼具平行机械手和 V 形机械手的特点。

图 11　Robotiq 2085 型机械手

灵活性

高载荷、长冲程、
结实、轻巧

3种抓取模式

平行、包围、嵌合

超强可控性

抓指的位置、速度和强度
均可调节，还有自动感应
功能

在大型机器人生产商那里，可以找到各式各样的机械手，质量和价格差异极大。当然，你也可以用 Google 搜索"机械手（robot grippers）"。ServoCity 在线上销售 4 款机械手，见图 12A-12D，售价从 6.99 美元至 14.99 美元不等。我个人强烈推荐 servocity.com 网站，那里有着极其丰富的机器人装置、零部件、轴承以及其他配件，当然也包括机械手。

即便你不打算买任何东西，servocity.com 仍然值得一逛。见识了那里的机器人设计图纸和实物照片后，你肯定会不由自主地感叹："我之前怎么就没想到可以这样做呢"？我自己就收集了这个网站里

图 12　A. ServoCity 微型机械手　　B. ServoCity 纵向机械手

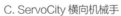

C. ServoCity 横向机械手　　　　D. ServoCity 平行机械手

的大部分照片，做成一个文件，时时参考。

V 形机械手

V 型机械手是最常见的机械手类型之一，它的开合方式同人类的手差不多。使用 HiTec HS-5055MG 或类似伺服电机的 ServoCity 微型机械手，是小型机器人的最佳搭配。ServoCity 纵向机械手则适合中型机器人，特别适用于结构较纤细的机械臂。

ServoCity 横向机械手同样采用 V 形设计，伺服电机也是横向安装的，"标准"HiTec 或 Futaba 电机都可以。

图 13　ServoCity Stacker 机器人及其机械臂

所有这些机械手都经过精心设计，以结实的 6.35 毫米 ABS 塑料为材料。ServoCity 还有一款装配了机械臂和机械手的可移动机器人，名为 Stakcker（图 13），我以前就曾用过。

上述机械手抓取物体时，仅有两个接触点，物体有可能像在平行手爪内那样滑动摇摆。

因此，再重复一遍，请在手内侧粘上橡胶垫，这样能有效增强捏合度。我曾把尖嘴钳手柄上的橡胶皮改装到 V 形手上，如图 9 所示。

平行机械手

图 12D 展示的 ServoCity 平行机械手宽 6.35 厘米，可打开至 7 厘米。这种机械手只使用一个标准 HiTec 伺服电机。同其他的标准型 ServoCity 机械手爪一样，这种机械手也是用 6.35 毫米 ABS 塑料做的，可以很方便地同其他零部件搭配，组成一只功能完善的机械臂。

图 14 展示的是 Tetrix 平行机械手，结构同 ServoCity 的一样，但稍小一点，使用的塑料也稍薄。这种机械手搭配同为 Tetrix 出品的 Pickee 机器人，效果堪称完美，毫不逊于 ServoCity 系列。

互联网上有着不计其数的机械手，其中有许多都是平行机械手，比如图 15 所示的 Thinkbotics。这种机械手售价 40 美元，是中型机器人的绝配。图 16 展示的是非常流行的

eBay 机械手，产自中国。这种机械手常与图 17 所示的机械臂搭配，价格视配置的不同而差异极大。

图 14　Tetrix 平行机械手

图 15　Thinkbotics 平行机械手

图 16　互联网上流行的一种平行机械手

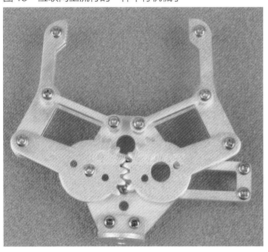

图 17　性价比较高的机械臂和机械手

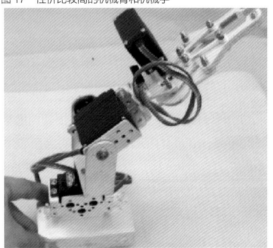

　　作为伺服电机赠品的机械臂，质量一般比较差。我建议大家还是单独购买机械臂和机械手，然后配上你自己的电机，比如 HiTec、Futaba 或其他同类产品都可以。记住，一分价钱一分货。

　　图 18 展示的是 OWI 机械臂，已经流行多年，可以方便地同你的电脑或微型控制器接连。

图 18　广受欢迎的 OWI-535 机械臂"arm edge"

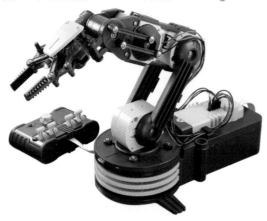

结语

机械臂和机械手是比较复杂的，在本文中，我还只是就常见的型号做了概要性的介绍。但愿你的胃口已经吊起，准备捋起袖子，大干一把吧！

最后，我想再展示一款与众不同的机械手。请看图 19，它就在硬币边上，是由约翰·霍普金斯大学制造的。网络杂志《Gizmag》曾这样介绍它："约翰·霍普金斯大学发明了一种微型生物降解手。这种手的主要材料是软水凝胶和硬聚合物，但其内部含有磁性纳米微粒，可以通过磁力控制它的运动。"

多年以前，人类已经发明出能在血管内内穿梭自如的药丸式体内摄影机和磁力引导机器人。现在，机器人在人体内完成工以后，将会自动降解，这无疑又在原先的成就上迈出了新的一步。

图 19　以硬聚合物为材料的微型机械手

机器人的原型设计和制造

Tom Carroll 撰文　雍琦 译

我已经这个专栏里，为业余爱好者写过专门讨论机器人设计的文章，也尝试过回答这样的问题："怎样才能造出一个机器人"？跃跃欲试的各路玩家提出的问题五花八门，但主要集中在机械和结构方面。大概他们觉得我不是顶尖的程序员，只能指导一些机械和电子系统方面的问题。我能区分 PIC、Arduino、Propeller，甚至 Raspberry Pi 之间的不同，不过不想写代码罢了。很多朋友的程序设计能力比我强，这方面的问题还是留给他们吧！

此前我对机器人设计进行了概览式的介绍。一些读者在看了相关文章之后，要求我在结构和机械方面进行更深入的介绍。

现在，我就来满足读者的要求。不过，我并不打算讨论微型控制器、编程、CAD 设计或者电子系统、感应系统方面的话题。接下来，我要介绍的是，机器人设计时各个实物部件的定位和装配问题。

我们的话题将集中在如何利用原型设计来研制和改进机械设计。最终的施工设计，就敬请读者开动脑筋，自己完成吧！

我们将对部件安装、系统、电机、电池等各个环节一探究竟，打造一个既高效又稳定的机器人底盘。我将以 ServoCity 的 Actobotics 底盘为例，讲解机械和结构部件。ServoCity 的网站展示了数千种机械构件照片，堪称一个蕴藏丰富案例和创意的宝库，绝对值得一看。

我不仅会探讨结构部件和机械部件，也会涉及基础的机械加工实践。我会展示一些不同的移动机器人底盘，玩家可在这些底盘的基础上制造自己的机器人。

开始设计——从现有的原型着手

在回答机器人研制方面的问题时，我常会反问这样一个问题："为什么你想制造机器人，你想让机器人做什么？"我之所以这样问，正是因为很多人并不明白自己想要的是什么。他们只是觉得，"玩机器人够酷"。其实，这正是回答我那个问题的好答案。对于玩机器人来说，"酷"

是一个极好的理由。

一个人想要酷，说明他想学一点与众不同的东西，而玩机器人是个良好的开端。机器人玩家的背景、知识结构以及目标是极其多元化的，因此，涉及具体各种机器人类型的话题，可以留待以后再讨论。

很多人第一次上手时，会采纳我的建议，购买一套 Parallax 机器人套装。例如，图 1 所示的 ActivityBot 套装，或者基本型的 Boe-Bot 套装，价格是 150 ~ 199 美元，这基本上是进入机器人玩家圈子的最低成本。这些套装附带的说明书绝对物有所值。

这种小型机器人可以根据需要，装配各式各样的部件，比如钳子、声纳、巡线机器人、相机、Xbee 模块、蓝牙以及 Wi-Fi 装置，甚至可以装配语音和语音识别系统。即使是入门级的产品，比如 Parallax S2，也有丰富的装配空间。

这些机器人套装的机械结构很简单，不会吓到任何人。Propeller 研发的、用于给 ActivityBot 编程的 "C" 语言简单易学，但又足够强大，可以控制极其复杂的机器人。

如果预算比较紧张，可以考虑售价 27.99 美元的 ServoCity ActoBitty 套装（图 2）。这个套装包含两组带轮子的电机，4 个 AA 电池夹，一块带线路通道的铝质底盘，Arduino 芯片板以及电池盒。它的性价比很高，对于装配一个入门级机器人来说，最终成本不会超过 50 美元。

图 1　Parallax 公司的 ActivityBot 机器人　　　图 2　ServoCity 的 Actobitty 机器人

图 2 展示的是，装配了 Arduino 芯片板和线路跟踪器的机器人。如果购买价格更贵的

ActivityBot 套装，那么后续的装配空间会更大，可以满足将来打造更大型机器人的要求。

有些机器人爱好者以 Beo-Bot 套装起步，也有的会用乐高头脑风暴套装、VEX 套装，或者其他类似的教育版套装。这些套装的机械结构比较简单，而大多数人希望以此为基础，打造属于他们自己的机器人。他们信心实足，觉得自己可以处理由感应器、机械臂、传动系统以及电池等等不同部件组成的复杂结构。所有这些问题，正是我接下来将要介绍的。

考虑你的机器人用途

我们假设你已经玩过几种小型机器人套装，准备打造自己的机器人。你可以根据个人喜好把机器人分为各种类型，比如家用型、户外型、搏斗型、医护型，或者随便其他什么类型。实际上，机器人的类型远不止这些，而且每种类型都可以进一步细分为更多子类型。不过，我们暂且就上述已提到的类型开始吧！

很多玩家希望自己的机器人是多功能型的。或许，一开始你只想要一个可扩展的底盘，可以在其上加装各种感应器和附件，然后根据具体需要再做改装和调整。

有时候，机器人设计会因为材料限制而受阻。但是，你可以根据实际需要对设计作一些微调。

教育版机器人底盘

在你开始设计自己的机器人之前，可以参考一下已经成型的机器人设计。正如前面已经介绍过的那样，从制造第一个 Boe-Bot 机器人开始，Parallax 公司在这一领域经验丰富，积累雄厚。在 2010 年的时候，公司总裁 Ken Gracey 意识到消费者喜欢更大一点的机器人，开始采用 9 层胶合板作为底盘托板，如图 3 所示。

图 3　Parallax 公司在 2010 年发明的胶合板托盘

图 4 展示的是 Parallax 公司以 Kinect 感应器为基础设计的 Eddie 机器人。这种机器人顶部装着笔记本电脑，用 Windows 系统进行图像处理。后来，Parallax 公司在原设计中采用多层 HDPE 强化塑料取代胶合板，打造出目前市场上销售的 Arlo 底盘。

与此同时，Willow Garage 公司研发出了 TurtleBot 底盘，如图 5 所示。TurtleBot 底盘同样使用 Kinect 感应器，不过使用 ROS（Robot Operating System，机器人操作系统）编程。图 6 展示的是类似的另一种多层底盘，由英国的 Robot-Electronics 公司设计。

图 4　Parralax 公司的 Eddie 底盘，使用 Windows 操作系统和 Kinect 感应器

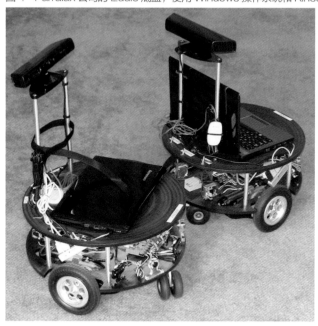

图 5　Wilow Garage 的 TurtleBot 机器人，使用 iRobot 的 Create 底盘和 ROS

图 6　英国 Robot-Electronics 公司设计的多层底盘

上述 4 种机器人底盘，都是中型机器人设计的典范之作。它们都是圆形的（或者说接近圆形，比如英国公司的那款），都采用差速传动，操控简便，行驶稳定。

它们还有一个更重要的特点在于，上层托板都比较大，可以安放一台屏幕打开的笔记本电脑，这样就能用笔记本电脑控制机器人。当然，你也可以把笔记本电脑合起来，塞入到下层托板中，把上层空出来放感应器或者其他设备。

即便是在以 iRobot Create 底盘为基础的、尺寸较小的 TurleBot 底盘上，也可以用紧凑型笔记本电脑代替微型控制器，对机器人进行更高级的控制。对于大多数玩家来说，圆形差速传动平台堪称最好的机器人设计之一。

打造你自己的机器人底盘

底盘是机器人设计中最重要的部分，它承载着整个机器人，不论你是使用空腔壳体，还是直接把其他部件装到底盘上。

图 7 是 Parallax 公司的设计图纸，标出了安装电机的两个小孔，以及为轮子留出的位置。前后两个轮脚机动性很强，正适用于差速转向系统。你可能会想要两层托盘，用来安放笔记本电脑、Kinect 感应器、摄像机以及其他传感器。

多数人喜欢把电池装在底盘最下面，以保证机器人的稳定性，就像 Parallax 公司的 Eddie 底盘那样，把电池装在下层托盘的下面。这种方法适用于胶体电解质铅酸电池，这种电池比较重。不过对于锂离子电池，特别是锂聚合电池来说，应该把它们安装在较高的、易于拆装的地方。

图 7　Parallax 的底盘设计图，准确标出了开孔位置

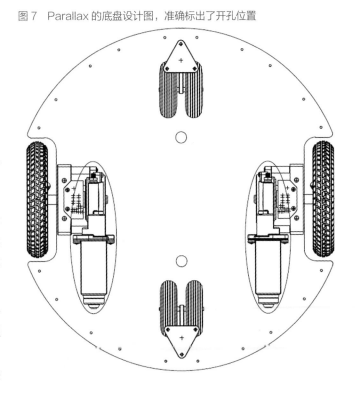

我们已经介绍了一些不同种类的机器人底盘，它们的研发者都是很棒的机器人公司。不过，研制一个你自己专属的机器人底盘也并非难事。对于小型机器人来说，利用现成的底盘是个不错的选择。但如果是大型机器人的话，研发你自己的专属底盘会省不少钱。我们刚才介绍过，用胶合板就可以做出很不错的底盘托板，即便你的胶合板的质量不如 Parallax 公司用的那样好，也是没有问题的。

我自己做的最早的一批机器人，都是以胶合板或镀锌通风管为材料的。根据机器人的大小，6.35 ~ 25.4 毫米的胶合板（两面刨光）都有用武之地。

后来，我开始制造大型机器人，于是就用起了金属托板，通常是 3.175 毫米和 6.35 毫米的 6061-T6 铝材。

如果你只想用较薄的金属材料，那么 Actobotics 的 3.8 厘米 ×3.8 厘米铝槽是一个不错的选择，如图 8 所示。这种带护轨的铝槽强度较高，安装马达或轮子都没问题。

使用 "L" 形管槽或铝槽有一个好处，它们身上的孔洞位置，能够与 ServoCity 的产品配合得天衣无缝。图 9 展示的机器人由 Rober Beatty 和他的女儿合作打造，使用的全部是 Actobotics 的管槽。

图 8　ServoCity 出品的 3.8 厘米 ×3.8 厘米铝槽

图 9　Robert Beatty 和他女儿共同打造的机器人，使用的是 Actobotics 管槽

你还可根据需要选用不同长度的铝槽，共有 10 种长度可选。

加工金属材料

曾经有很多年，我在加工设备方面独具优势，可以使用大功率金属切割机切割材料，用金属成形机给材料塑形。不过，现在我同很多人一样，没有机会用到这样的设备了，只得转而购买市面上加工好的定形材料。当然，你也可以自己动手，从较大的材料上割出所需要的尺寸。手持式金属切锯机、"大剪刀"，甚至是弓锯，都可以用来切割金属材料。

很多人喜欢用纵横双向带锯。图 10 展示的就是 Northern Tool 公司出品的一种带锯，售价250 美元。像这种价格相对比较便宜的带锯，其底座有时会在使用中摇晃，但并不影响切割工作。有一回实在不得已，我用只装了一把刀片的米沃奇（Milwaukie）往复锯，从 190 厘米的铝板上切出 6.35 毫米的材料。是的，米沃奇往复锯好像算不上真正的切割设备，但实际上，没有什么是它不能切割的（图 11）。

图 10　Northen Tool 出品的廉价（纵横双向）带锯

图 11　用米沃奇往复锯切割钢槽

切割的时候动作不要太快，也别太慢，保持一个稳定的节奏，沿着墨线切，但不要离墨线太近。锯台最好贴一层防护胶带，以防在切割时磨损金属材料。切完以后，材料要磨光或挫平。切得越直，磨光或挫平就可以做得越少。如果要打磨直边，台式砂光机会让你事半功倍。

有些人喜欢用固定式纵向带锯，因为他们经常要切割比较大的材料。但是，如果要切割金属的话，这种锯得配上更大的组合锯才行，这样花费就比较高。

如果要切出圆形材料，可以用钢脚圆规划线，也可以沿着圆形的厚纸板或塑料板划出墨线。

我喜欢用 Dykem 墨水划线，线条会非常醒目，如图 12 所示。线条最好划得比较深，即使墨线不小心被擦掉一点，也不至于太受影响。

如果要切割直径大于 7.62 厘米的圆孔，我就会使用安装了孔锯或高速切削刀的压力钻，如图 13 所示。使用电动工具有一定危险性，特别是电锯和压力钻。如果高速切削刀片没有牢固地安装好，或者没锁牢就启动钻机，它就很有可能在使用时弹出来扎到身上或眼睛里。所以，务必记住，戴上护目镜！

图 12　用 Dykem 墨水在材料上划出墨线，以备切割　图 13　装配高速切割刀片的压力锯，可以很方便地割出圆孔

如果你在切割金属方面还是新手，我建议你先学一点基本操作技法和安全防护措施，可以向懂行的朋友讨教，也可以去网上求教。

上面介绍的工具，样样物美价廉，绝对是你打造机器人的好帮手。不过，使用时一定要当心，要遵守安全操作规范。不然的话，这些工具会变成残害你的凶手，说不定会让你躺进医院。

安装驱动系统

如果你设计过机器人底盘，想必你肯定是想造出一款能行驶的机器人。那么，你肯定会用到数量不等的轮子，或有类似功能的部件，或许你还会用履带，甚至是机械腿。不过，以下讨论的重点还是轮式驱动。

有些人可能会认为，直接把轮子装到齿轮马达上就行了。其实，这种方法并非处处适用。对于重量小于 0.45 千克的小型航模类机器人来说，直接安装轮子是可行的。对于更大的机器人来说，就得另想办法了。

大多数齿轮马达的输出轴都有抗扭转力矩能力，不过抗挠矩能力却不强。电动轮椅的那种特制大型齿轮马达，在变速箱内设计有两个轴承，可以起到抗挠矩的作用。不过，普通机器人玩家不太可能找到这种齿轮马达。

新手购买齿轮马达的时候，常会有无从下手的感觉，即使在实体店里亲手拿着一个马达端详，也不知道它是否合乎需要。这时你有两个办法，一是看看产品说明书，一是打开马达，看看输出轴后面以及最末端的齿轮前面有没有滚珠轴承或衬套。

安装轮子

有的人可能会觉得，"轮子越多越好"。这是不对的。轮子多，驱动马达和连接件也随之多起来。

图 14 展示的是一款来自 ServoCity 的 Nomad 机器人，整体已经装好，还没有上线缆、电池和控制系统。请注意右边那根倾斜的方槽，这种设计能让机器人在复杂地形上仍能 4 轮抓地。

2 根方槽中只有 1 根倾斜，这种设计非常适用于越野型机器人，这款重量为 2.95 千克的 Nomad 机器人即是一例。

图 14　ServoCity 的 Nomad 四轮驱动越野机器人底盘，请注意其可弹翘设计

我第一次调试远程操纵装置，就用了一台 Nomad 机器人。它运行得很顺利，还能顺利从石头上跃起，稳稳着陆（遗憾的是，后来再也没有做到过，仅此一次而已）。

除非你能按照 Ackermann（汽车型）模式把前后轮调试好，不然的话，不论是 4 轮、6 轮还是 8 轮，都会在行驶过程中产生摩擦，极大地浪费能量。

6 轮型很适合复杂地形，不过前后轮都要设计成能转动的，而且每个轮子都要有一定的弹跳性能。除非你真的要打造一款实实在在的越野机器人，否则的话，太多的轮子只是看起来比较酷而已，实则牺牲了效率和功能。

给机器人装轮子，就跟给双轴承齿轮马达装轮子一样简单。不过，有时候我们会碰到"完美"的齿轮马达，不论是转速和扭矩，还是电压和能效，都符合要求，但是，就像我上面已经说过的那样，装上轮子后没有抗挠矩能力。

行星齿轮箱马达通常有一套直径同马达一样的齿轮组，安装面上有螺纹孔，可以紧固在安装位置。图 15 展示的就是一个 ServoCity HD 行星齿轮箱，可以看到，它是很易于安装的。

要把轮载荷从马达输出轴上卸下来，就需要使用链式传动。使用两种不同尺寸的链式齿轮，利用齿轮速比增加或降低轮子的转速，并弥补马达有效输出速度不足的问题。

再次建议你去 ServoCity 的网站看看（www.servocity.com），在那个网站上，你可以从数百种不同的结构模型和机械模型里学到不少东西。

图 15　ServoCity HD 行星齿轮箱马达，装有"mount C"接口

之所以要用两组差速传动马达和轮子，是因为要防止突发状况，比如轮子被门坎或者坑坑洼洼的地面绊到。如果机器人的两个轮脚一前一后，就有可能发生这种情况。只用一个轮脚的话，就不会有这种问题。

如果前后轮脚的其中一只，或两只同时翘起，驱动轮就可能离地，机器人就搁住了。

图 16　弹簧支承轮脚，专为 Parallax 公司的 ARLO 底盘设计

启动和停止时也会前后摇摆。

更有可能的一种情况是，机器人侧向一边，依靠两个轮脚保持平衡，然后只以一个驱动轮发力，驶入平地。

我同 Parallax 公司合作，开发了一种弹簧支承轮脚（图 16），可以缓解上述问题。如果要用这种轮脚，得根据机器人的重量自备弹簧。

弹簧太硬的话，起不到作用。如果太软，行驶在有起伏的地面上就会摇摇晃晃，

结语

设计机器人没有"最好"的方法。实际制造过程中，有太多问题需要考虑。我可以负责任地说，使用本文介绍的 ServoCity 原型部件，可以帮助玩家节省机械加工的时间，拿来就用。

VEX、Parallax、MINDS-i、LEGO、Tetrix 等公司，为玩家提供了琳琅满目的教育版机器人套装，对于学习机器人设计理念来说极其有用。其实，稍微从成品机器人里汲取一点灵感，就能走出自己的路。

Robot Hut 博物馆

Tom Carroll 撰文　赵俐　李军 译

　　我相信本书读者都在电影中看到过机器人，并且想知道自己是否也能拥有这样的机器人。所以我想不到比机器人博物馆更好的方式来展示机器人的"过去和现在"——从早期的电影到今天的大片。在介绍 Robot Hut 博物馆之前，我想先谈谈机器人题材的电影，它们经历了从使用机械道具到应用计算机生成图像的演化。我们都知道，过去电影中出现的"机器人"要么是塞进不舒服的机器服装的人，要么是遥控的机械道具。无论机器人是巨大的怪物，就像《环太平洋》中的机器人，还是与《星球大战》中的 R2D2 一样可爱的垃圾桶大小的太空漫游机器人，抑或是如《机器战警》中的 ED-209 一样不那么友好的警察机器人（如图 1 所示），我们都为之着迷。

　　20 世纪 80 年代时，我住在南加州，当时有幸为几部电影制作了一些机械道具。其中一部电影《菜鸟大反攻》的道具师需要两个相同的遥控机械道具（其中之一如图 2 所示），以及两个额外的非功能性但外观相同的道具，来充当系列电影第一部中的两个书呆子"制造"的一个机器人。

图 1　电影《机器战警》中的 ED-209 警察机器人　　　　图 2　电影《菜鸟大反攻》中的 4 个机械道具之一

　　制片公司等着通知我开工，最后终于告诉我开始制造机械道具，要在几个星期内完成。由于时间太紧，我告诉他们我需要雇用一位朋友来帮助我，因为我在 Rockwell 有一份全职工作。

　　在我制造机械道具的过程中他们给了我们一大笔钱，我们最终按时完成了任务。这似乎是电影制作在那些日子里的运作方式。

后来在电影界开始出现 CGI 机器人，比如电影《机械公敌》中的 NS-3 人形机器人。我将大约十几个 20 世纪 80 年代的"古式"机器人借给了该电影的道具师，它们从未在屏幕上出现过。有了今天的计算机图形图像技术，电影中的机器人现在只是硬盘上某处的一堆二进制文件。

一些机械道具目前仍然在电影中使用，比如将于 2015 年 12 月在电影院上映的最新一部《星球大战》中的 BB8。图 3 是电影明星 Oscar Isaac 与 BB8 的合影。该机械道具利用 Sphero 的技术创造而成。

BB8 将在整部电影中被当作 CGI 机器人，但许多特写镜头将这个惊人的滚动机器人作为物理存在展示出来，机器人的头悬于旋转球之上。

图 3　Oscar Isaac 和 BB8 机器人在阿纳海姆举行的《星球大战》电影庆典上的合影

Robot Hut 初印象

我确实很怀念人们制作电影道具（比如 Robot Hut 中展示的那些）的那些日子。Robot Hut 是一个不可思议的博物馆。

人们会认为这样的博物馆应该位于洛杉矶附近、加州电影工业区或者至少在一个大都市圈内，但这一独特的博物馆位于华盛顿斯波坎约 48 千米以北称为 Elk 的一个小农村社区。

一位朋友莱恩·史密斯 2015 年 4 月份邀请我去那里，他的 4 个朋友与我们同行。从俄勒冈州波特兰地区（我住在华盛顿波特兰以北）用了 8 小时驾驶近 645 千米之后，我们来到了通往博物馆主人的农场的一条乡村小路。

在到达农场时，让人意想不到的是，正面背对马路的谷仓大小的新红色金属建筑就是博物馆。图 4 显示了我们 6 人在这座建筑前的合影。我相信，如果建筑面朝马路，从口中喷出烟雾的 2.44 米高的机器人和"Robot Hut"指示牌会提醒我们博物馆就在这里。

博物馆所有者兼馆主约翰·里格出来迎接了我们。他身边的两条非常友善的狗很快就蹭

图 4　位于华盛顿 Elk 的 Robot Hut 博物馆

到我们跟前，希望得到我们的爱抚。约翰让我想起了爱默·布朗博士，即电影《回到未来》中由演员克里斯托弗·劳埃德扮演的角色。

该博物馆仅对获得邀请的人开放，这就是约翰在我们抵达时迎接我们的原因。如果你想预约餐馆，需要给他发送电子邮件。

他收藏的电影机械道具和其他机器人太多了，所以他不得不在 2000 年将他的收藏搬到这幢新建成的建筑物中。他建立这个博物馆并非出于商业目的，而是源于对机器人的满腔热爱。他没时间向到他农场的每一个不速之客展示博物馆，因为他每天有许多琐事要处理。

我们通过白门进入一个小门厅，其中装饰着机器人海报。另一扇门带领我们进入大艺术区。其中的场景实在是令人叹为观止。整个地板铺满机器人，从可以拿在手中的小机器人到你最喜爱的机器人电影中 2.44 米高的机器人作品。很难让人搞清楚应从哪里开始看起，因为我们所有人从不同的方向出发。

机器人乐队会招待你

入口旁站着两个 1.83 米的机器人，它们组成图 5 所示的"机器人乐队"。机器人乐队右边是一台较旧的小型计算机，该计算机控制了博物馆的不少机器人和声音。

轻巧地击打几下键盘，约翰很快便可让两个机器人演奏出多个曲调，他在计算机中编入了超过 160 种曲调。

他从头开始设计和制作了这两个机器人；音乐飘荡在整个博物馆，令人非常愉悦。实际的"乐器"是蓝色机器人胸前的管乐器和其手中的鼓，而并非一些单独录制的音乐。音乐有点响，听起来很像马戏团中途的汽笛风琴演奏。

图 5　组成机器人乐队的机器人和计算机控制

该机器人乐队始建于 2002 年，然后于 2003 年重建。11 年前，约翰在《SERVO》杂志中描述了如何为超过 100 个 MIDI 电子机械设备编程，如何花了近一年时间来制作这两个机器人以及它们的 48 个风琴管，以及如何制作用于控制整个作品的电磁阀。

机器人天地

如果你（作为 Robot Hub 的访问者）只有几分钟的时间观看展览，那么应停留在图 6 所示的博物馆区域。电视剧《迷失太空》中的 B9 在你的左边，B9 由约翰在 20 世纪 90 年代制作。约翰过去常常将他的机器人项目的建设过程录制在家庭录像带上，他将这些录像带存放起来。正如他对 Robby 机器人所做的一样，他说他"一遍又一遍反复打造 B9，直到满意为止。"

图 6　机器人天地

电影原版机器人耗资 75000 美元打造于 1960 年，在电视节目中有几个复制版本。它们经过多次易主，据称原件之一如今在西雅图的 Paul Allen 科幻博物馆。对于钟爱《迷失太空》的收藏家，这似乎是复制得最多的机器人之一。

你最右边的大型银色机器人是《地球停转之日》中的 Gort，他正在等待你的命令，"Klaatu barada nikto"。他比原版短一点，但外形各个方面都堪称完美。

电影《宇宙静悄悄》中的 Diminutive Huey、Dewey 和 Louie 在底端，由约翰制作于 2004 年。最右边完美再现了 1960 年的一部同名电影中的"时间机器"。虽然那不是一部机器人电影，但却是有史以来最值得关注的科幻电影之一。

约翰告诉我们，时间机器中的座椅实际上是一把古老的理发椅。他于 1997 年制作了这个道具。中间是 Tobor，其胸部采用弯曲的金属管。

Tobor the Great 机器人

我最喜欢的机器人之一是 Tobor the Great（图 7）。你可以想得到它是如何得名的。小时候，当我第一次看到这部电影时，我就梦想有一天能拥有自己的机器人。如果我没记错的话，正是电影中的那个天才儿童打败坏人"化险为夷"，当坏人砸坏了那个藏了机器人遥控器的圆珠笔时，Tobor 依然能接通无线电信号。

虽然展出的机器人很少在电影中实际使用，但这并不代表约翰没有大量地参与制作电影道具。图 8 所示的照片呈现了他自己以及与佛瑞德·巴顿制造几个 Tobor 复制品的过程。我们几人后来在建筑物中参观了他的"道具准备间"，他在这里制造出很多机器人。我一会儿会重点介绍这一

道具准备间。

图 7　Tobor the Great 机器人

图 8　约翰·里格与佛瑞德·巴顿（穿黑色上衣）重新制作
Tobor 以作为博物馆陈列物

《惑星历险》中的 Robby

　　虽然 Tobor 是激起我对机器人的想象的第一个机器人，米高梅公司于 1956 年出品的《惑星历险》中的机器人 Robby 以及许多其他代机器人俘获了我的心。此外，让我产生更大兴趣的唯一的电影机器人是《星球大战》中的 R2D2。

　　Robby 是遵从艾萨克·阿西莫夫的机器人三定律的、友好安全机器人的缩影。该机器人由米高梅电影制片厂的道具部制作，成本达 125 000 美元（这在当时绝对是斥巨资的电影道具）。

　　Robby 在《惑星历险》之后的几部电影中露过面，其中之一是 1957 年的《隐身男孩》。Robby 或者 Robby 的某些部分多年来也出现在许多电视剧中。原版 Robby 多年来辗转多次易主，遭到破坏，并经过几次修复，最后终于在 2004 年被送到卡耐基梅隆大学的机器人名人堂。

在 Robot Hut 展出的几个 Robby，其每一处细节都与原版一样壮观和准确。如图 9 所示，约翰站在 Robby 旁边，Robby 是由摩比斯博士用于从他的住所来回运送游客的独特"出租车"的驾驶员。约翰同时制作了机器人和所谓的独特"吉普车"。

约翰的首批 Robby 制作于 1987 年。他觉得他可以做更多工作，所以他不断制作"更好的"Robby。收藏家们甚至将他不喜欢的那些 Robby 都抢购一空。

图 10 中所示的另一款 Robby 与他的一些兄弟站在一个角落，由约翰制作的另一款设计独特的 Robby 如图 11 所示。这是首批设计之一，但未在电影中用作最终的道具。

图 9　约翰·里格站在 Robby 和他的太空出租车旁边

图 10　约翰·里格的另一款 Robby

图 11　未在电影中使用的一个初始 Robby 设计和他的朋友 R2D2

图 12 中所示的一系列小型 Robby 复制品陈列于博物馆中的某个陈列柜之中。Robby 如此令人难忘，以至于不喜欢科幻小说的人也能立即认出该机器人。

图 12　如果你没有足够的空间放置一个 7 英尺的 Robby，一个较小版本或蒸汽朋克头型的 Robby 可能适合你

　　位于 Robby 前面的是他同样著名的机器人朋友——《星球大战》中的 R2D2。R2D2 在许多场景中都发出叽叽声，偷走了数以百万计影迷的心。在图 13 中，为什么安东尼·丹尼尔穿上 C3PO 服装那么合身，20 世纪 70 年代中期有很棒的无线电控制系统了，为什么肯尼·贝克还要藏身于移动 R2D2 罩壳中？

图 13　肯尼·贝克身着 R2D2 服装，安东尼·丹尼尔身着 C3PO 套装

其他很棒的电影机器人

图 14　弗里茨·朗导演的电影《大都会》中的 Maria 机器人"套装"

　　游览博物馆时，参观者将看到 1927 年弗里茨·朗导演的电影《大都会》中的玛丽亚。玛丽亚是一个 Maschinenmensch，这是"机器人"的德语表述。她来自未来的 2026 年。《大都会》是那个时代制作的最昂贵的电影之一。"玛丽亚套装"如图 14 所示。约翰用一些"时间机器"的部件换取了她。

　　坐在 Robby 的车中，参观者将看到 1987 年上映的电影《机械战警》中的明星，如图 15 所示。它是另一个并非约翰自己制造的机器人，而是从佛罗里达州的一位收藏家那里购买而来。其部件基于机械战警原始模型而铸造。机械战警实际上是一个半机械人，一个受伤致死、成为外骨骼机器人的警察。图 16 所示的机器人来自 1954 年的电影《入侵地球》，其中讲述了来自金星的巨型机器人攻击芝加哥的故事。约翰于 2004 年制造了这个机器人。

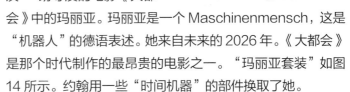

图 15　RobotCop

图 16　1954 的电影《入侵地球》中的机器人

3 个著名的电影道具机器人

博物馆中其他非常显眼的位置上放着 3 个相当新的著名电影机器人。1986 年上映的电影《霹雳五号》中的 Number Five，其更为人所知的名字是约翰尼 · 菲弗，如图 17 所示。你可能已经知道，这部电影的故事情节是 Nova 军火公司开发的 5 号军用机器人被闪电击中，从一个机器人杀手变得拥有感情和思维，并且心地善良。

同样，这是约翰花了 4 年时间打造的机器人道具，于 2004 年完工。约翰一次构造一个部件，要么使用 1986 和 1988 年的电影剧照，要么开车到加州电影工业区拍摄和测量实际的道具。

谈到电影《星球大战》和可爱的小 R2D2，就不得不提到说起话来一本正经的金色英国机器人管家 C-3PO（图 18），他在大多数场景中都伴随在他的小伙伴左右。图 18 中，C-3PO 正抱着自己的断腿！

图 17 《霹雳五号》中的约翰尼·菲弗

图 18 《星球大战》中的 C-3PO

　　你能想象得到，被塞进一件非常不舒服而且非常热的服装，在炽热的沙漠烈日下站几个小时会是怎样的感受吗？该礼仪机器人出现在所有 7 部《星球大战》电影中，道具的设计师拉尔夫·麦考瑞在设计 C-3PO 时，部分借鉴了《大都市》中的玛丽亚套装。约翰于 2000 年制作了他自己的 C-3PO。

　　与 1984 年的电影同名的"终结者"机器人更加出名。他并非作为一个机器人杀手（在第一部电影中）而出名，而是因为他后来成为了我曾经居住的一个大州的"州长"。

　　电影中大多数机器人都会随着时间的流逝而慢慢变得更加温顺和招人喜爱，而来自 2029 年的终结者 T-800 型号 101 是一个非常坏的半机械人。

　　图 19 显示他踩在一堆人头骨上。图 20 是显示精巧细节的道具侧面图。"该道具由 Sideshow 打造，"约翰说，"我很多年前用机器人零部件换取了它。它采用固体树脂浇铸，然后经过镀铬处理，重达 1 吨！我觉得如果它由金属制成，应该会更轻一些"。

图 19　终结者 T-800 型号 101

图 20　终结者侧面图

道具准备间

　　离开博物馆建筑后，我们 6 人到 "道具准备间" 去参观约翰制作的另一个独特的机器人——为他的孙子孙女和镇上的 Elk Day 游行而制作的机器人。他在 2013 年年底和 2014 年初构造了如图 21 所示的 "双足拉车机器人"，原本是为了给孩子们玩，但后来人们说服他让其加入游行。

　　该机器人的皮肤实际上由托盘底滑板上的硬纸板制成，上半身的形态与《入侵地球》中的机器人一样。

它由 3 块 12 伏的车用蓄电池供电，使用 PCM 控制器进行速度和方向控制。它可以控制方向（图 22），锁定其脚上的轮子来行走或自由滑行。

图 21　约翰·里格和他的双足拉车机器人

图 22　约翰·里格展示机器人如何控制方向

结语

看看照片中所展示的长长的陈列框，这些陈列柜陈列了你可以想到的几乎任何类型的机器人。如图 23 所示的一长列 WowWee 机器人就是一个很好的例子，还有如图 24 所示的一排实验机器人，如图 25 所示的长玻璃柜。这对我们来说是一趟最有趣、愉快的旅行。如果你喜欢的电影是一部科幻电影，其中涉及机器人，你一定要将约翰的 Robot Hut 博物馆添加到你的人生旅行目的地中。

图 23　一长列 WowWee 机器人

图 24　Androbot Topo 和一系列 Heath Hero 机器人在陈列中

图 25　装满珍藏品的众多玻璃陈列柜中的几个

　　最后我将奉上图 26 中所示的挂在博物馆天花板上的外星飞碟的照片，此外星飞碟源自电影《世界大战》。RobotHut 博物馆真的是绝无仅有。请访问约翰的网站 www.robothut.robotnut.com 获取更多信息。

图 26　1953 年的电影《世界大战》中的外星飞碟

警用和安保机器人

Tom Carroll 撰文　赵俐　李军 译

　　当今媒体一直在宣扬无人机（unmanned aerial vehicle，UAV）或人人都能使用的无人机的弊端，很多人都相当警惕这些机器人。关于 UAV 的文章很多，但是今天我想重点谈论的是警用和安保机器人。这类机器人大多有着惊人的能力，比如穿越复杂地形，并且拥有功能强大的机械手。许多人认为，军用机器人和安保机器人属于同一类别，但是军用和执法的需求仍然有着很大的不同。

　　2009 年，我介绍过当时最新型的执法机器人，但它们也只是在"先进技术"的更新换代方面表现惊人。6 年后，当时的很多机器人仍然在执法机构中服役，如图 1 所示的 Remotec Andros F6 系列机器人。这家机器人公司成立于 1980 年，1986 年与 Andros 合并。

图 1　洛杉矶治安警署的 Remotec Andros 机器人

　　机器人的两个银管不是枪，而是用来拆除或安全爆破疑似爆炸装置的"爆破臂"。多年来，该机器人（由加利福尼亚洛杉矶治安部门使用）在多次精细操作中都表现惊人。2009 年，工程师在机器人传感器、视频反馈和控制系统等方面的改进为许多高级机器人赋予了以前所没有的自主能力。

　　从新闻报道的众多警察枪击事件中可以看出，警用机器人和执法仪的使用正在流行。

　　电影尚未真正描绘出警用机器人对安保方面的有效性和友好性。1087 年上映的《机械战警》中的"机器人"（如图 2 所示），看起来更像是一个半机械人或外骨骼机械人，而非真正的机械机器人。

这部电影讲的是在罪犯横行的未来底特律市，警察部门试图用一个巨大的打击犯罪机器人（ED-209，如图 3 所示）来平息猖獗的暴力事件。警察亚历克斯·墨菲在被杀害后，被改造成了一名机械战警。墨菲的机械型转变得非常成功，这让他的仇人 Boddicker 异常担忧。

遗憾的是，这部电影以及后面的许多电影都把警用机器人描绘成了无法控制的杀人机器。

图 2　RoboCop 铠甲

图 3　《机器战警》（1987）中的巨大的 ED-209 机器警察

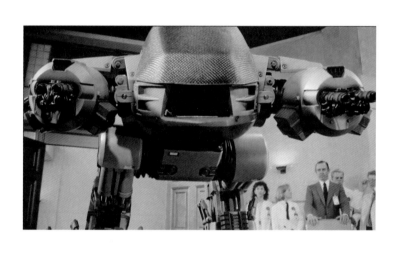

Omni Consumer Products 公司公布了一个有趣的警用机器人概念——C.R.A.B，如图 4 所示，并且指出"该机器人集未来文明的安全特性于一身，将巡逻警察、武装警卫和无需司机的巡逻警车完美结合在一起。先进的机器人和 AI 技术将彻底改变未来的警察部队"。

图 4　Omni Consumer Products 公司提出的 C.R.A.B 机器人概念

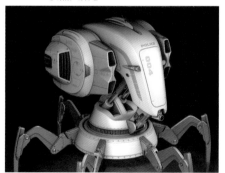

据说，设计师杰米·马丁从 Odetics Odex 1 中获得了设计灵感，这是我多年前介绍过的一个非常独特的机器人。

人们似乎仍然认为警察部队需要一个大型步行机器人来威慑潜在的坏人，而这个巨大的螃蟹形状的机器人看着更加吓人。它肯定是一个绝佳的科幻电影的道具。

机器人如何进行安全执法

让我们看一下警察日常接触到的致命武器。除了军人和消防员，还有一些人的工作可能会冒着生命危险。考虑到这一事实，让我们看几个警察的工作场景。

2014 年 6 月，在美国俄勒冈州特劳特代尔的雷诺中学，两名学生死亡：一个是受害者，另一个是枪手。特劳特代尔警察局用一个小型移动机器人对"枪手"最后一次被目击的洗手间进行调查。机器人发现枪手已死亡，但是在警察派机器人进入洗手间并直观地判断形势之前，他们无法得知这一信息。

这并不是携带武器的机器人，它只是用来为执法人员提供当下清晰的"第一视角"以避免危及生命。或者可以称之为"远程视角"，而这是执法机器人最有价值的功能之一。

再来看一个潜在场景，一个人在一个典型美国小城市发现公共建筑的角落里放着一个背包。他明智地决定不碰它，而是通知当地的警察部门。警方决定疏散大楼里的人群，并让新型"机器人"捡起背包。通过机器人的远程控制和视频反馈，他们小心翼翼地将背包移动到室外的安全区域。由于缺少真正的"爆破臂"，他们给机器人安装了一个标准猎枪，瞄准背包后进行远程射击。课本和教材的碎纸屑，以及视频游戏光盘的碎片在空中飘散。从这次事件中，一名高中生学到了宝贵的一课，警察和社区也松了一口气。

警察和安全组织对于机器人有哪些需求

2009 年，我曾采访过几名警察和几家安保公司，包括在工作中使用机器人的一些人，当时他们提出了对于机器人的一些基本需求，但是后来又有所修改。

1. 低成本（这几乎是所有组织都提出的一点）。

2. 操作方便——只需极少的培训。

3. 维护简单（容易诊断问题、查找和安装替换组件）。

4. 功能手柄重量轻——能由一个人操作（或者较大型机器人能由两个人操作）。

5. 高分辨率彩色视频系统，要带有音频反馈。

6. 机器人内置 LCD 显示的双向音频和视频，用于与犯罪嫌疑人进行交互式远程通信。

7. 系绳电源和遥控器（缠在机器人上？）。

8. 带抓手的机械手臂，用于捡起或递东西、打破玻璃、拿摄像机等。

9. 能够方便地添加额外功能，如爆破枪。

其他功能还包括：

1. 在 EMI 方面，轻型光缆用于可靠操纵连杆。

2. 内部电池电源选项。

3. 能够上下楼梯。

4. 能够穿越废墟和不平整的表面（搜救）。

5. 耐雨雪和长时间的阳光照射。

6. 侧翻后能自己站起来（小型机器人）。

7. 长时间持续操作——充满电的电池能够工作 12 个小时以上。

8. 快速更换电池。

9. 完全自主操作。

警用、安保和军用机器人之间的差异

人们可能会认为，这 3 种类型的机器人可以互换使用，然而事实并非如此。典型的警用机器人可能会在连续充电的几个月内保持锁定状态，直到将其派上用场。警用机器人必须能够承受崎岖地形以及被犯罪嫌疑人粗暴对待的考验，可能还要配备用于处理疑似炸弹或不明物体的机械手臂。它通常由经过培训的人员远程操作，还应具备卓越的高清视觉系统。

安保机器人经常在白天或夜间工作，而且必须是连续运行。这种机器人类似于图 5 所示的IAI Guardium，这个高尔夫球车大小的自主装置正在对机场进行巡逻。

它也可以是图 6 所示的这款重 11.34 千克、由 Robotex 制造的小型 Avatar III 安保机器人。

它必须具有高密度或长续航的电池，因为其无法与电源或控制源栓在一起。它很少用于远程

操作，并且操作范围是在已知的环境内。自主程度是十分重要的，比如只沿着地上的线或预编程的路线行走。机器人的工作地点通常在建筑物或栅栏内的院子里，多数情况下，拥有简单的可操作轮胎或差动操纵就足够了。它几乎不会被任何人"攻击"，并且遭到损坏的可能性微乎其微。这类机器人可以用来将其周围的视频信号不断地发送至载人中央控制站。

图5　Guardium UGV 安保机器人正在机场巡逻　　图6　由加州森尼维耳市的 Robotex 公司制造的 Avatar III

还应当指出的是，安保和警用机器人无需在操作中扮演被动的"观察"角色。我并不是在暗示将其用作武器。安保机器人在面临入侵者时，可能会开启震耳欲聋的警报，刺眼的疝气灯，或散发催泪气体。警用机器人可以使用相同的技术，甚至用闪光弹来迷惑入侵者，但是这些设备可能会引起另一种弊端，因此使用它们并不总是合适的。

与此相反，军用机器人必须拥有以上两种角色，有被损坏（或破坏）的可能性。我了解到，iRobot 公司的 PackBot 由于遭遇到简易爆炸装置而从中东军事冲突中退役。炸成碎片的机器人被放在了平板车上。这些机器人受损严重，却仍然发出"嘀嗒"声。

图7　丹宁移动机器人公司制造的安保机器人

军用机器人可以在整场战斗中持续操作，或自主及远程操作。现代军事行动经常要在有许多建筑物的城市环境中进行。

早期的安保机器人

20 世纪 80 年代初，我参加了一场由国际机器人制造工程师学会（RI-SME）举办的年度机器人展览，在展览上，我第一次见到了专门用于安保的一个非常独特的机器人。Denning Sentry 由马萨诸塞州沃本市的 Denning Mobile Robots（丹宁移动机器人公司）制造，如图 7 所示。

这个机器人有 1.22 米高，直径 71 厘米，看起来又大又重。全向车轮使其能够围绕轴线转动，或向任意方向移动（机器人的身体部分不转）并掉头转向新的方向。图 8（Denning Branch 研究机器人平台）显示了三轮组件是如何通过前方的发动机进行转向的。图 9 则是机器人的内部构造。该机器人可以在建筑物的结构环境中按照特定路线行走。通过感应有策略地布置在预期路径上的 IR 立标，再结合编程，实现对机器人的导航。机器人四周围绕着 24 个宝丽来静电超声测距传感器，用以检测安保形势中的静止物体、墙壁和移动物体。

图 8　Denning Branch MRV2 研究机器人平台　　　　图 9　Denning Sentry 机器人的内部构造

据该公司说，"这些测距仪允许机器人在接近墙壁时测量距离，同时使其拥有检测障碍物的能力，从而改进了导航方案。更重要的是，测距传感器促进了沿墙走算法的后续发展，降低了对光标系统的依赖性，当所需路径发生变化时，提高了灵活性并减少修改机器人环境的需求。"

这家公司的展台前总是人头攒动，机器人工程师们惊讶于 Denning 机器人的质量、移动能力、声纳和导航功能。后来，公司向几家监狱出售了一批机器人，用于保证犯人和狱警的安全。他们甚至生产了一款名为"Model T"的非安保系列机器人，这是基本上用于研究目的的精简版，用一个 Motorola 68000 作为主控处理器，还有几个 Z-80 处理器。

遗憾的是，虽然该公司有着良好的产品，却因为发展和营销问题影响了潜在客户对它的青睐。

1993 年，糟糕的销售量导致该公司破产，整个公司卖给另一个集团后，最终于 1997 年彻底退出历史舞台。

Robart III 机器人

　　Robart III（图 10）是一系列实验室原型移动机器人之一，它的设计者是加利福尼亚州圣迭戈海军 SPAWAR 系统中心机器人技术总监巴特·埃弗雷特。埃弗雷特有着令人羡慕的工作。我有幸与他相处过几天，他向我展示了许多海军机器人，包括之前提到的 iRobot 公司的 Packbot。安全对于军队是极其重要的，诸如 Robart III 的测试平台用来完善监控和安保，以及在移动机器人上安装潜在武器。

　　图 11 中的格林机枪，这是一种严格改良的气枪，可以射出直径 4.76 毫米的塑料子弹或飞镖。6 个枪管能够让 6 个飞镖在 1.5 秒内从白色压缩空气瓶中发射出来。

图 10　海军 SPAWAR 系统中心的巴特·埃弗雷特设计的 Robart III

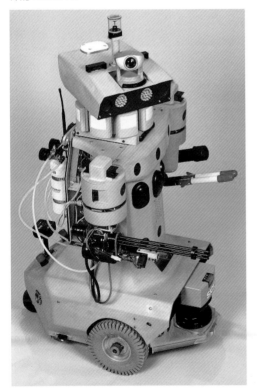

图 11　Robart III 上装备的气动格林机枪

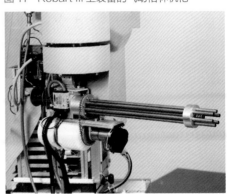

更高版本的 Robart III 可以用激光指示器来瞄准目标。但是它不是一个产品安全平台或武器化的机器人，而只是一个测试平台。利用 Sick LIDAR（蓝色）和一系列的宝丽来距离测量超声传感器（类似于 Denning 机器人），在水平地面的众多障碍中找到前进的方向。目前，海军正在开发（和服役）的机器人都远比这个测试机器人先进。

新型警用和安保机器人

20 世纪 80 年代初，甚至更早，机器人方面的技术就已到达了先进水平。从老式的视像管相机到分辨率越来越高的小型 HD CCD 相机，体积和价格都大大减少。增加的全景、倾斜、变焦、低光和红外功能，增强了机器人在紧急情况下的远程呈现和探测。

RF 控制、视频反馈、有线和光纤电缆控制让操作员轻松操纵复杂机器人及其机械手和抓手。加速器、陀螺仪和罗盘等现成的传感器实现了更加精确的导航。激光雷达成像和测距传感器已经成为经济实惠的机器人导航微调套件。GPS 和 SLAM 让高端机器人拥有更多自主能力。

Knightscope 公司的 K5 机器人

最新型安保机器人之一是 Knightscope 公司的 K5。K5 不是用来监控企业或监狱的，而是专门用于大范围监视人群，找出潜在危险人物。如图 12 所示，它的外形类似于星球大战中的 R2D2。

图 12 Knightscope K5 安保机器人

Knightscope 公司在 2012 年 12 月桑迪胡克校园惨案和波士顿马拉斯爆炸案之后成立。本着"为所有美国人提供一个打击犯罪的途径的终极目标"，董事长兼首席执行官威廉·桑塔纳(William Santana Li) 创立了该公司。

在互联网以及不同的机器人兴趣小组中，人们都把这个机器人当作一个移动视频安全摄像平台，就像现在我们身边众多固定的视频监控平台一样。他们把机器人看作一种"外包安保"方式。"为了实现这一目标,"Li说,"我们让公众公开、透明地访问实时数据和警报,允许他们为国家贡献重要信息。同时,我们将更迅速、更有效地保护社会并节省资金。"

Knightscope总部位于加州山景城(硅谷中心),公司盯准了安保员工表现糟糕和400%的高跳槽率这一契机,打算以每小时6.25美元的价格出租机器人,并且在接下来的一到三年中不间断地"开发"机器人产品。

K5可以在多人以小于4.8千米/小时速度行走的结构式环境中工作,而K10则将在更加开放的区域操作。它将是一个使用多个传感器(如LIDAR)的自主机器,并且具有识别车牌和人脸的功能,还具有用于额外检测方法的定向传声器。车轮里程计、惯性测量系统、GPS和基本感应传感器将帮助机器人导航和躲避障碍。

实时数据将被存储并由执法机构使用。它并不是要取代人类警卫或警察,而是要增强自身功能。

机器人身上无法装备武器,从设计上来说,它是不会被损坏的。Knightscope把K5称作是自主型数据机器。时间会验证这种类型的安保机器人是否会像无人机一样,以同样的方式激起公众的愤怒,尤其是K5的许多侵入性数据收集功能。

ALSOK 的 Reborg-Q 机器人

另一款有趣的安保机器人是东京的Reborg-Q机器人,如图13所示。它从2006年开始就被广泛报道。Alsok从1982年开始研究安保机器人。Reborg是Guardrobo的更新版本,重约91千克。它可以按照巡逻路线行走,或者由一个RF链路和一个摇杆控制器进行遥控。它能够按下所需按钮来使用电梯。头部和肩上有4个摄像头用于查看、记录,并向安全中心回传图像和视频。人迹(超声波和PIR)传感器可以检测到人、漏水和火灾。安保人员可以通过查看图像,并做出适当处理。

图13 Alsok 的 Reborg-Q

安装于机器人胸部的触摸屏能够显示天气更新、失踪儿童的信息、社会危险通知以及促销信息。机器人身上的读卡器还能让它扮演门卫的角色，允许或拒绝员工或其他人进入。

结语

当今世界的动荡使得先进的安保和警用机器人成为保护人类和社会的必然产物。本文主要介绍安保机器人和概念，有兴趣的读者可以进行更深入的研究，发现一些即将出现在街道或建筑物周围以保护我们的、令人惊奇的机器人。

机器人爱好者（第1辑）
书号：978-7-115-42445-7 定价：59元
内容新颖，全彩印刷，机器人爱好者的案头必备

自己动手做智能机器人
书号：978-7-115-43157-8 定价：49元
"卓越之星"工程套件实践与创意指南

JavaScript 机器人编程指南
书号：978-7-115-43678-8 定价：45元
熟悉基础的机器人技术项目 学习 JavaScript 机器人编程技术

机器人产品

HelloSpoon 机器人

Luis Samahi Garcia Gonzalez 撰文　常舒瑞 翻译

你曾经看见过机器人给人类喂食的场景吗？事实上我曾经看见许多机器人试图去做这个工作，但我并不满足于我所看到的。当然，已经有机器人可以帮助患有上肢困难症或是患有麻痹症的人进食，但这些机器人一般是庞大的、丑陋的、昂贵的，并不是每个人都可以拥有。这就是我要着手去改变的事情，我的目的是创造一个轻便、价格实惠的机器人，它可以轻易地复制。任何一个想要帮助别人的人都可以复制它。在这条路上，也许我能做的仅仅是激励人们多多学习机器人和编程的相关知识。这也正是 HelloSpoon 诞生的原因（如图 1 所示）。

图 1　一个蓝色的小象机器人，希望您以前没见过像 HelloSpoon 这样的机器人

首先自我介绍一下。我最近才从墨西哥的机电一体工程专业毕业。我的愿望是创造既价格实惠又有趣的机器人，去帮助那些需要帮助的人。HelloSpoon 使我的理想变成了现实。

HelloSpoon 是一款非常独特的、价格经济的、社会服务型的机器人，它能够帮助孩子、老人，或是任何一个需要固定胳膊进食的人。这些人的上肢可能存在移动受限、萎缩性疾病、肢体缺失、肌肉无法控制甚至是短暂性损伤等问题。这些问题使他们上肢移动困难而无法自己进食。

在本文中，我将描述以下问题：

1. 构建四自由度机械臂；

2. 如何进行嵌入式编程；

3. 如何创建可以直接与这个机器人连接的 App。

希望你能够对这个有想法的项目了解更多，可能你会受到启发，自己动手做一个这样的机器人。

需要哪些东西构建 HelloSpoon 机器人

构建这个机器人所用到的所有基础元器件很简单，你可以容易地从你经常光顾的供应商那里买到，如图 2 所示。

OpenCM-9.04: 韩国 ROBOTIS 公司开发的开源控制器，它使用了一个 32 位的 ARM 处理器 Cortex-M3（型号为 STM32F103C8）。这是该公司的第一个面向开源项目的产品，你可以在网上找到原理图和其他所有可能用到的信息。

Dynamixel XL-320: 一个低成本的智能执行器，它也是由韩国 ROBOTIS 公司开发的。它和上一版本使用相同的通信协议，并且有相同的特征（位置反馈、温度和速度调节等）。新版本的执行器用一个金属齿轮（如图 3 所示）替代了原来的塑料齿轮，不但提高了执行器的耐久度，而且使运动更加顺畅。

图 3　新版本的金属齿轮（右）与旧版本的塑料齿轮（左）相比，运行更加流畅

图 2　这些是构建 HelloSpoon 所需的主要元器件

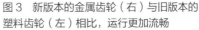

带充电器的锂电池：一个小的可充电的锂电池，它包括 PCM 保护功能，防止电池出现过充、放电以及过流等问题。

在充电器上有一个 LED 指示灯，可以提醒你什么时候电池充满（红色的 LED 灯亮着表示电池正在充电中，红色的灯灭掉表示电池充电完成）。

BT-210 蓝牙模块：这个器件通过蓝牙开启串行通信（UART），模块外面的塑料壳用来保护电路，连接器电缆将模块直接连接到机器人里的 OpenCM-9.04 板上。

HelloSpoon 只有 4 个主要的元器件组成，这也正是为什么这个机器人可以如此经济实惠。

你不仅可以去多家供应商买到元器件，也可以登录网址 www.hellospoonrobot.com，既可以单独购买这些组件的任何一个，也可以直接买到一个完整的套装，这个套装包含了你建立自己的 HelloSpoon 机器人需要的所有元器件。

接下来该如何组建机械臂

图 4、图 5 和图 6 列出了套件的所有部分，并给出了用它们来组建机械臂的方法。正如在图 7 看到的那样，在机械臂的末端什么都没有，可以在这儿连接勺子或是其他任何想使用的工具。可以在网页上的指定区域下载到不同的、创建好的、完美匹配于 HelloSpoon 机器人主干的工具，下载之后，只要你连接好了 3D 打印机，随时可以打印它们。

图 4 和图 5　从左到右展示了构建机械臂躯干的步骤

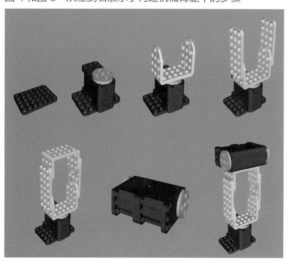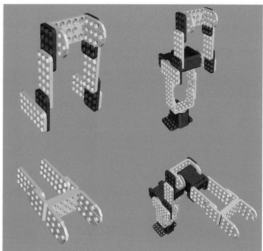

图 6　这是机械臂组装完成后的样子　　　　　图 7　你可以在这儿连接勺子或者其他工具

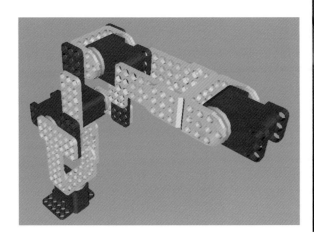 

如何教你的机器人画画？也许只需要加一个照相机……你的想象力是唯一的限制。

一旦你的机器人主干建立起来，去测试它就很容易了。你只需要将所有的元器件连接起来，如图 8 所示，之后打开 OpenCM-9.04 上的开关，所有的执行器指示灯都应该呈现红色闪烁状态。

图 8　连接所有的元器件使系统工作起来，不要忘记打开 OpenCM-9.04 上的开关

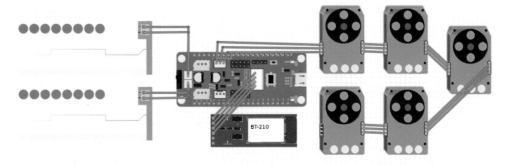

注意：如果你购买了套件，里面可能有一个用来封装电子元件和机械臂躯干的塑料外壳。在写这篇文章的时候，它们还没有出现在套件之中，但当你读这篇文章的时候，它们应该就已经在套件之中了。

设置编程环境

现在，在你的OpenCM-9.04里面并没有安装程序，那是因为只有你才能够让机器人按照你的要求动起来。

现在，用你的 PC（不管是 Windows、MAC 还是 Linux 都可以）去下载 OpenCM IDE。

OpenCM IDE 是基于 Arduino 编程的。如果你已经熟悉了这种类型平台的其他任何一个，那么你很容易就能理解它是如何工作的。

也可以去 HelloSpoon 的 Github 页面（如图10所示）下载 HelloSpoon 独家开发的库。这些库都是由简单易懂的算法组成。在给机器人编程时，你可能用得到它们。

图 9　工程上，ROBOTIS 公司的 OpenCM IDE 是为 OpenCM-9.04 编程最好的方式

当然，如果你愿意，你也可以采用来自 OpenCM IDE 的正常方法去控制 Dynamixel 舵机。

图 10　去 http //github.com/HelloSpoon 下载可以用于机器人的代码

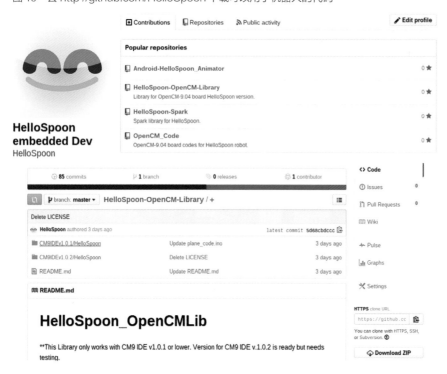

为了使这些库可以在 OpenCM IDE 中 正常 使用，你 需要 把 "HelloSpoon"文件夹（在你现有的 IDE 版本中）复制到 OpenCM IDE 根目录文件夹下面库文件夹中，如图 11 所示。

做完以上这些，你就可以准备第一次打开 OpenCM IDE 了。

你需要从面板列表中选择 OpenCM-9.04 并 添 加 库 （ 图 12）。当然，您可以尝试着先下载一个例程，检验一切是否正常。

下面这个列表展示了包含在 HelloSpoon 库里的一些重要方法，你可以使用时参考：

begin()——这是库里最重要的方法，你每次编写机器人代码时，都必须添加这个方法，因为它实现了开发板和 Dynamixel XL-320 之间的通信。

moveJoint(byte id, word value)——这是另一个很重要的方法，因为它可以实现将执行器移动到任何一个预期位置，为了能够正常地工作，这个方法需要两个值：共享数据的 ID（1-4）和预期位置的值（0-1023）。

setJointSpeed(byte id, word value)——这个方法是用来设置每个执行器的预期速度的。它

图 11A、11B、11C 这是一种添加库到 Arduino IDE 的方式，不要忘记根据 OpenCM IDE 版本选择正确的库版本

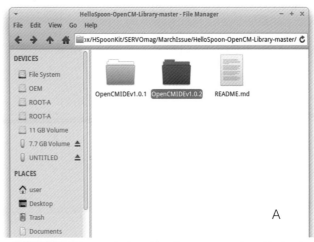

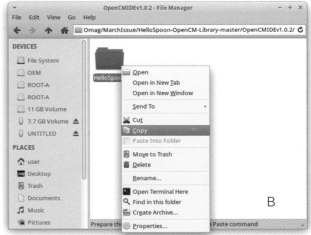

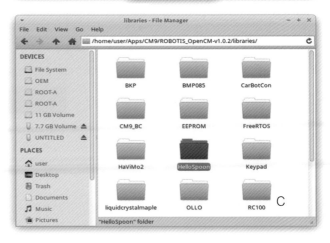

接收两个数据，共享数据的 ID 值（1-4）和控制移动到预期位置的速度值（0-1023）。其中，当没有控制速度时，最大转速是 0，1023 则代表转速约为 114。

getJointPosition(byte id)——顾名思义，这个方法是用来返回执行器的实际位置的，它接收共享数据的 ID 值（1-4）作为参数值。

现在，你已经了解了一些基本方法，让我们看一下如何编写一个代码来简单测试吧。

```
#include <HelloSpoon.h>
HelloSpoon robot;
void setup(){
    robot.begin();// Remember you
MUST write
        // this line every time.
  for(id = 1; id < 5; id++){
        robot.LED(id, "white");
        delay(100);
}
delay(2000);

  for(id = 1; id < 5; id++){
        robot.LED(id, "green");
        delay(100);
}
}
void loop(){
  robot.moveJoint(4, random(500,
800));
  delay(1000);
}
```

就是这样！将这些代码下载到 OpenCM-9.04 中，然后看看有什么神奇的事情发生吧！

图 12A、12B　选择合适的开发板并将它添加到你要用的库里

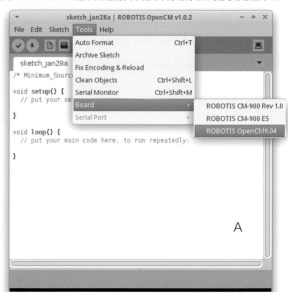

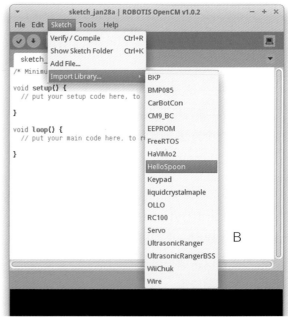

是这样吗

到这个时候，你应该已经做好了一个机械臂，也了解每个部分应该如何连接，知道如何编写使它运动的程序以及和使用 HelloSpoon 库与 OpenCM IDE 相关的一切事情。

然而，我想告诉你另外一件很酷的事情，这会改变你体验机器人的方法。

HelloSpoon 是基于智能手机的（如图 13 所示），这使它独一无二，也使它经济实惠。

多亏了智能手机，我们有了扬声器可以播放歌曲，也可以给我们的"小象"一个可爱的声音（英语、西班牙语、日语或韩语）；还有麦克风可以用来理解用户所说的话（幸亏有 PocketSphinx 语音识别引擎）；一个大的（或小的）屏幕可以显示机器人的脸和表情；一个完整的、易于使用的交互界面，用户可以根据体验进行自定义设置。

图 13　智能机使得用户和机器人可以交互，无需添加其他元器件

智能手机提供了与机器人交互的新方法，所以你可以添加很多你能想象到的应用。

现阶段，HelloSpoon 主要的安卓应用软件只可以从 Google Play 上获取（如图 14 所示），兼容版本为 2.2 ~ 5 的 OS 系统。如果你下载使用了 App，望你评估过后给我们留下一些使用反馈和建议。

为了使 App 能够与机器人一起工作，你需要下载一个叫做 FactoryCode.ino 的文件（它位于 HelloSpoon 库的 Examples 文件夹下）。

图 14　如果您是一个安卓用户，去 Play 商店下载 App

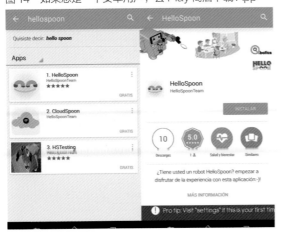

这个主要的应用程序是不会被"释放"的，因为它是一个开源项目，下面的流程图（图 15）将有助于你理解算法内容以及完成机器人需要遵循的步骤。

然而，在你下载库的那个 Github 页面上，有一个非常基本的安卓应用程序的集合，包含了用于 HelloSpoon App 的库，以及一些资源（如面孔和声音）。

图 15 说明主 App 如何工作的流程图

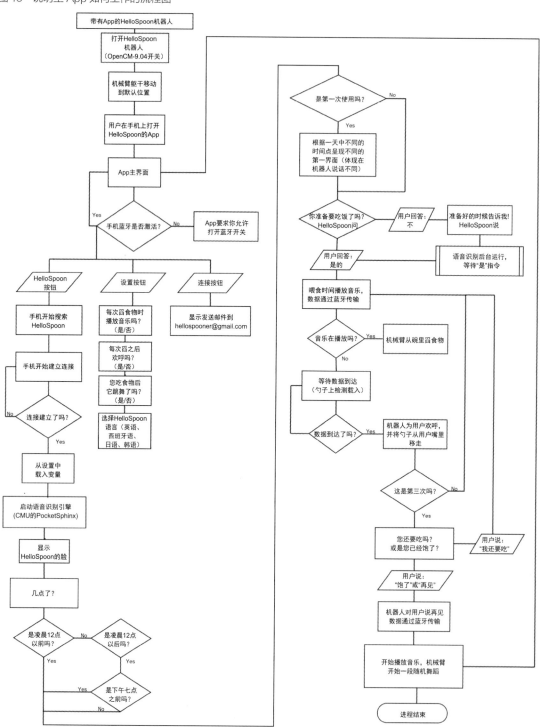

这些应用程序将有助于你了解安卓编程的一些内容，以及如何将智能手机和一个可以使用蓝牙模块的设备（例如 HelloSpoon，或者你以后可能创建的机器人）连接起来。

下一步

很多年前，我开始这个项目是出于自己的一个愿望：我想激励人们不仅为了创造机器人而创造机器人，更是为了帮助需要的人去创建机器人。

我希望我的努力可以激励你构建一个 HelloSpoon 机器人，或者是帮助你建立起足够的自信——您完全可以构建属于自己的智能设备，它不仅经济实惠，而且可以帮助别人。

我现在正在尝试基于物联网的 HelloSpoon 云机器人。所以，在不久的将来，你将能够通过网络控制机器人，这些得益于正在开发的新开发板和算法库。你可以通过在线社交媒体关注 HelloSpoon，来关注进展。

我很想知道你的建议、想法。如果你的机器人很难构造，如果你想了解更多的新方法，如果你想要设计可以 3D 打印的更多工具，这些问题都可以和我联系。我非常期待听到你的评论。你可以自由地登录 hellospoonrobot.com 并加入交流，让我知道你愿意参加到这个项目当中。

部件列表

Dynamixel XL-320   www.robotis-shop-en.com/?act=shop_en.goods_view&GS=1611&keyword=XL
OpenCM-9.04   www.robotis-shop-en.com/?act=shop_en.goods_view&GS=2394&keyword=opencm
BT-210, Bluetooth module   www.robotis-shop-en.com/?act=shop_en.goods_view&GS=1484&keyword=bt
Li-Ion battery 3.7V 1,300 mAh LB-040   www.robotis-shop-en.com/?act=shop_en.goods_view&GS=1608&keyword=battery
Li-Ion battery charger set LBB-040   www.robotis-shop-en.com/?act=shop_en.goods_view&GS=1609&keyword=battery%20charger

视频

HelloSpoon Presentation 2014   www.youtube.com/watch?v=ZNsaZi97yXs
How do children react to a robot like HelloSpoon?   www.youtube.com/watch?v=_4gjcYZBOdA
Is HelloSpoon able to help an elder in need?   www.youtube.com/watch?v=A3plltwTWG8
HelloSpoon Robot Dancing Test   www.youtube.com/watch?v=N4W9AOp233o

其他资源

HelloSpoon Webpage   http://hellospoonrobot.com
Tumblr Blog   http://hellospoonstories.tumblr.com
YouTube Channel   www.youtube.com/user/HelloSpoonRobot

Apeiros 机器人

Abraham L. Howell 撰文　符鹏飞 译

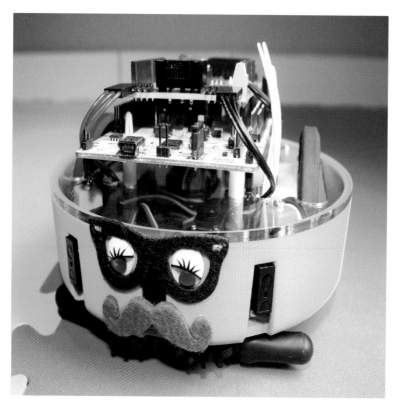

　　大多数市售的机器人平台实际上都是不开放的,因此,最终用户被迫进入的是一个"黑盒"模式。我相信向终端用户展示最终设计意图(对应于真实世界的设计元素,如打印、原理图、源代码以及 3D 模型等),将为他们提供一个学习机会。我创建 Apeiros 就是要支持这样的想法:一个完全开源的机器人可以提供显著的教育价值,同时其在商业角度也可被证明为是可行的。

下一代完全开源的教育机器人

我的博士研究主要集中在使用机器人作为 STEM [科学（Science）、技术（Technology）、工程（Engineering）和数学（Mathematics）] 教学的工具。在 2012 年 5 月毕业之后，我开始研究一种新型机器人 Apeiros（读做 "ah.pay.ross"）的设计。Apeiros 源自希腊语，意思是无限的或无边界的。

绝大多数低成本机器人和机器人套件使用塑料或木质平板构建机身。完全开源的、现成的机器人数量很有限，而我想要设计的是一个低成本、可扩展、完全开源的机器人，并具备感知、导航及操作其所处环境的能力。

通过本篇文章，我在介绍 Apeiros 的同时，也提供一些相关的设计细节，并在后续文章中在 Apeiros 范围内更深入地探讨各种设计细节。我希望，人们能从文章的观点中既发现鼓舞人心的一面，也能发现其教育作用。

选择制造工艺

在过去的 10 年中，我设计了无数的机器人，但大部分都是由激光切割的亚克力平板或者加工用铝质、PVC 以及钢质条、块制成的。这些制造工艺相对昂贵，且浪费原材较多（与成品体积不成比例）。这意味着即使产量增加，零件成本也不会显著下降。

激光切割工艺限制了机器人设计的整体外观，虽然加工的零件可具有复杂的几何形状，但零件成本会随着复杂性的上升而成比例增加。为了在限制成本的同时保持形状的高度复杂性，我决定将产品设计为注塑成型工艺。图 1 显示的是 Apeiros 的注塑成型机身的顶部视图。

注塑模具的成本取决于零件的尺寸和复杂度。一般情况下，一个简单的直拉模具（可以用来生产类似 Apeiros 机身这样的零件）大约需要花费 5000 美元 ~ 10000 美元。如果你正在考虑采用注塑模具，我建议你考虑一下 Protomold，因为他们可以提供设计指南以及网上报价系统。

接收并评估了多个模具加工的报价后，我决定和当地供应商埃克造型艺术（Eck Plastic Arts）合作。我能够采用 3D 打印技术作为多种机身设计的原型机的一种制作手段，也可以使用这些部件进行功能测试。

功能测试包括制作一个测试样机，并按照客户实际使用该样机的方式进行测试。功能测试有助于在产品零件生产之前就很好地找出设计问题。

一种早期的机身设计支持前后各两个红外（IR）传感器，不过这种配置（如图2所示）产生了一个中心盲点。在最终的机身设计中，我们通过加入第三个红外传感器消除了中心盲点。

图1　注塑成型底座的顶视图

图2　3D打印的原型机

传感与操作

大多数机器人可以感知环境并在其中移动，但可能不具备操作环境中物体的能力。Apeiros的成型机身设计成如图3所示，安装有一个市售的海泰客（Hitec）公司的HS-81 hobby伺服电机以及定制的抓手组件。装备了伺服抓手之后，Apeiros能够抓牢物体，并可在穿越周边环境时，四处移动它们。

Apeiros通过最多3个前置及两个后置的夏普GP2Y0D805（或GP2Y0D810）红外传感器来检测物体，这两种传感器都可以产生离散输出（逻辑0或1），对于大多数微控制器来说，这是容易处理的数字输入接口。

GP2Y0D805的感应范围为5毫米到5厘米，GP2Y0D810具有更大的感应范围：2厘米到10厘米。我选择它们的原因是这些传感器体积小、成本低，而且其信号处理要求宽松。

Apeiros 有 6 节 AA 电池供电，并由一个两轮差速驱动系统产生运动。我自行设计的电机驱动板上提供了最多 5 个红外传感器、两个齿轮减速电机、两个车轮角度编码器、一个 HS-81 伺服电机，以及一个电池组的接线点（如图 4 所示）。Apeiros 可通过一个放置在前面的滑动开关来上电或断电，并通过集成的一个压电蜂鸣器产生音调，这意味着，Apeiros 可以通过编程来让你知道其就在附近，或者比如说，你可以编写自己的安全机器人。

图 3 伺服抓手机构

图 4 定制的电机驱动板

给我一个"大脑"

为了最大限度地降低开发成本，可以选择现成的微控制器主板作为 Apeiros 的"大脑"，我选用了意法半导体的 32 位 STM32 Nucleo F401RE 开发板（如图 5 所示）。应当指出的是，我在设计时特意让 Apeiros 能够与将来的定制控制板（尚待设计）向前兼容，其可以直接安装到壳体底座的顶部。由于该定制控制板将不再需要一个现成的微控制器主板及定制的电机驱动板，这将使得商品成本降低。

Nucleo 主板上设计有一组 Arduino 兼容排针以及一组"Morpho"连接器（可以提供 Arduino 之外的输入输出引脚）。

图 5 Nucleo 开发板

因为主板上已经有相关电路，因此无需额外的硬件电路，只需要简单地安装驱动，再通过 USB 线将 Nucleo 主板连接到计算机上，并显示为计算机的一个驱动器。现在，你只需要简单地拖放新程序，Apeiros 就将焕发生机！

没有必要购买昂贵的编译器，因为意法半导体已经加入了 ARM mbedTM 项目，这意味着你可以在线（http://mbed.org）自由开发并编译你的程序，然后通过 USB 将其传输给机器人（如图 6 所示）。我已经开发好了所有的底层函数，如初始化硬件的处理、控制齿轮减速电机、打开和关闭连接的伺服抓手、读取连上的传感器数据、在发送和接收串行数据时产生压电音调等。

图 6　ARM mbed

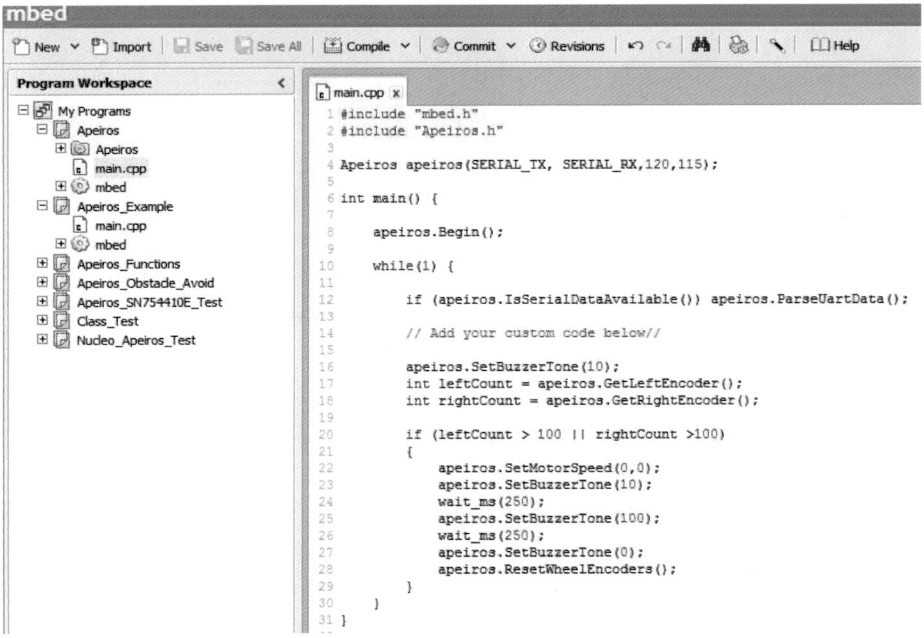

将 Apeiros 类库导入到你的 mbed 工程中，这样你在程序中所使用到的相关函数都将有效，现在你可以让 Apeiros 做一些真正神奇的事情了。

无线连接

如图 7 所示的、定制的无线功能板（正在开发中）为 Apeiros 提供了和配对的蓝牙设备通信的能力，如智能手机、笔记本电脑或平板电脑等。无线功能板简单地放置在电机功能板的上面，一对前置的光传感器测量环境光的入射量。如果需要的话，你可以在无线功能板上再添加一对后置的光传感器。

利用光传感器可以产生各种光追踪与避让的相关动作，通过内置的跳线可以将配置不正确的蓝牙模块复位到出厂默认值。

一个简单的基于 Android 智能手机的蓝牙控制图形用户界面（graphical user interface，GUI）已经创建（如图 8 所示），一旦完全开发并调试完成，该简单蓝牙控制 GUI 的可执行文件以及源代码将会发布，以使得任何人都可以使用并根据需要进行修改。

图 7　蓝牙无线功能板

图 8　蓝牙控制 GUI

结语

此时，我正在全力为量产版本工作，以使这个杰出的的小型机器人走向世界。Apeiros 将如前所述的那样以完全开源的方式发布，其软件发布基于 GPL V3，而硬件设计发布基于 Creative Commons Attribution-ShareAlike 4.0 International License。我为了最大化教育用途的目的而选择了这样的发布策略，这么做，最终用户可以深入到软件、结构以及电路的详细设计细节，并了解为什么这么做或可以根据需要进行相应调整。

例如，机械工程专业的学生可以研究注塑模底座的详细图纸并检查几何尺寸和公差（Geometric Dimensioning and Tolerancing，GD&T），深入学习和研究为什么在本设计中

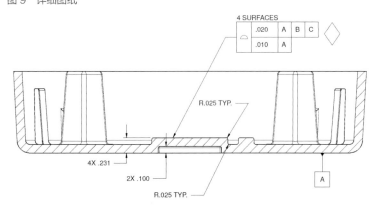

使用了自攻锁紧螺钉，为什么注塑件需要考虑拔模（如图 9 所示），等等。

Apeiros 将会以 BIY（Build-it yourself）套件方式发布，不过我仍然计划为那些愿意围绕着低成本、坚固的注塑底座来设计下一个机器人创作的 DIY（Do-It-Yourself）机器人爱好者提供一个基础的机身套件。

图 9 详细图纸

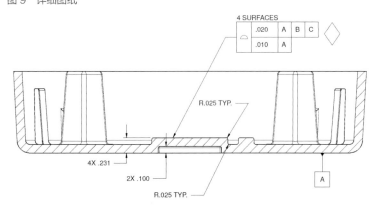

此时，我正尽力实现以 100 美元的入门价位提供带伺服抓手 Apeiros 机器人套件这一目标。如果你能接触到 3D 打印机，那么还可以再进一步，下载注塑底座的 STL（stereolithography）文件并打印自己的机器人机身。

我衷心希望 Apeiros 能有助于点燃未来的工程师、技术人员、科学家和教育工作者对于 STEM 的热情！对于 Apeiros，我有一个宏大的计划，敬请关注本书后续的各辑。

在后续的文章中，我将介绍如何编程 Apeiros 来避开障碍物、如何使用压电蜂鸣器产生音调以及如何控制伺服抓手操作物体等。

作者简介

Abraham L. Howell 从纽约州立大学宾汉姆顿分校获得了机械工程学士、硕士以及博士学位。在过去的十五年里，他曾在医药、工厂自动化以及最近的高速自动化电路板组装设备领域相关行业中担任机械工程师和工程经理。他是 Abe Howell's Robotics 公司的所有者和创始人，同时也是低成本教育机器人套件的研究人员、设计师以及制造商。他的研究领域包括工程教育评估、K-12[①] 拓展、嵌入式硬件和软件设计、计算机视觉以及教育机器人的硬件和软件设计等。

---

① K-12 是美国基础教育的统称。"K12"中的"K"代表 Kindergarten（幼儿园），"12"代表 12 年级（相当于我国的高三）。"K-12"是指从幼儿园到 12 年级的教育，因此也被国际上用作对基础教育阶段的通称。

西班牙机器人博物馆

John Blankenship 撰文　张鑫　译

图 1

图 2

　　我和妻子最近准备去欧洲旅行。在做旅游计划时，我们意外发现在西班牙马德里的一家机器人博物馆（见图 1 和图 2），我们对此很有兴趣，就把它规划为旅途中的一站。这家机器人博物馆由丹尼尔·巴戎寺和巴勃罗·梅德拉诺在 2013 年共同建立，它在成立后就成为马德里众多景点中的一个新星。

　　博物馆建立在一个机器人专卖店的地下室里。图 3 显示了机器人专卖店一小部分的机器人产品。如果你在马德里时间不是很多，那么来这家机器人专卖店看看这些琳琅满目的机器人商品，它们会让你更坚定对机器人的热爱。参观机器人专卖店是免费的，但如果需要去到地下室的博物馆，对成年人而言，就需要花不到 5 美元买张门票。机器人博物馆有许多机器人的各个发展阶段的藏品和介绍。比如图 4 的 the Heath Kit Hero 1 和图 5 来自日本 TOMY 的 omnibot 2000。这里甚至还有一些令人印象深刻的微型机器人玩具（见图 6）。

　　博物馆的藏品中还包括更多的现代机器人，比如和真人大小差不多本田 Azimo 模型（图 7）和阿鲁迪巴的 NAO（图 8）。在参观过程中会有导游对这些机器人做介绍和讲解，但值得一提的是，导游只说西班牙语，这会给外国游客带来一定的语言障碍。我们可以通过观看 NAO 给当地的一些西班牙小朋友讲故事时小朋友们兴奋的表情（NAO 机器人也说的是西班牙语），或者从家长们看到大量机器狗做出同步的滑稽抬腿舞蹈动作而露出的会心微笑中获取足够的乐趣。

　　机器人博物馆虽然无法替代其他西班牙博物馆（如普拉多或古根海姆博物馆），但如果你是一个真正的机器人爱好者，它绝对是你来欧洲旅行最值得去的一站。

图 3

图 4

图 7

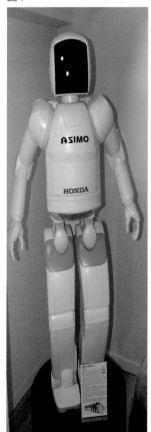

图 6

图 8

图 5

03

跟 Mr.Roboto 动手做

Ask Mr.Roboto 是《Servo》杂志的一个特色专栏,由机器人专家 Dennis Clark 主持。读者可以根据自己在机器人或电子制作过程中遇到的问题,通过邮箱 roboto@servomagazine.com 向 Mr.Roboto 提问或寻求帮助。Mr.Roboto 的解答可以带领读者一起完成硬件和软件的动手制作过程。

Dennis Clark 撰文 符鹏飞 译

实现机器人视觉系统

在最近的两个专栏中,我一直谈论的是给机器人增加视觉,这里我将继续这一话题。从足够小的尺寸,直到可以用在任意机器人上的,我们有很多 camera 选项可供选择。简单的 camera 模组通常直接输出数据,而我们的低成本控制器对这种输出方式无法处理:一些 camera 模组输出模拟电平,这些电平需要逐像素转换,而且我们还需要追踪水平和垂直同步信号;一些模组输出了每个像素的数字值,但我们的微处理器缺少足够能力(或内存空间)处理它们输出的压缩视频格式。

使用 Gameboy 的 Camera

当我们考虑在廉价的机器人控制器上使用便宜的视觉系统时,我们应该提到在十几年前首次将这种可能性变成现实的黑客行为,当然,我说的是有关使用 Gameboy camera 给小机器人提供黑白视觉的黑客工作。据我所知这是全球首次黑客行为,在 2002 年的 SRS(Seattle Robotics Society Newsletter,西雅图机器人协会通讯)《Encoder》杂志中有详细记载(http://www.seattlerobotics.org/encoder/200205/gbcam.html)。这篇文章由戴维德·沃尔特斯撰写,使用的是 68332 机器人主板,文章详细介绍了他是如何使用 camera 的。

我个人所知的第二件与此相关的事情,是丹尼尔·哈灵顿亲自向我展示了他使用 Gameboy camera 的黑客工作。丹尼尔使用了一块采用 Atmel 8515 芯片的自制微控制器主板,用它演示了对一个白色乒乓球的追踪,实际上你可以在 Atmel 微控制器网站上找到有关他的设计的报导。

　　我想在文中直接给出链接，但 URL 显示的内容相当冗长。因此，我建议你前往 www.atmel.com 网站并搜索"issue4_pg39_43_robotics.pdf"关键字来获取丹尼尔的项目信息。图 1 是他的乒乓球追踪机器人，他的文章也可以在《Circuit Cellar》杂志（2003 年 2 月刊）中找到，而且你可以在这个网页找到他的代码文件：www.dtweed.com/circuitcellar/caj00151.htm。

　　这个 camera 特别有趣，因为它具有边缘检测功能，可以用它很简单地做物体追踪。因为它是一个单色 camera，因此你可以将图像迅速地上传到我们新的、速度更快的微处理器主板上，并实时地分析图像。

　　如果你喜欢自己折腾东西，我建议你研究一下这些文章，并自己动手尝试一下。你仍然可以在 eBay 上以 7 美元左右的价格买到这些 camera，项目的总成本主要是时间，花在零件上的钱可能都不会超过 10 美元（不包括微控制器主板）。

图 1　丹尼尔的乒乓球追踪机器人

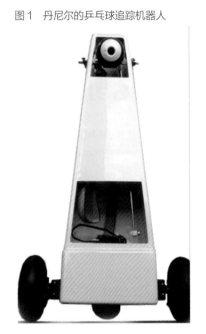

4D Systems 的 uCam-II

　　在最近两篇文章中，我一直在讨论 4D System 公司 uCam-II 的 UART 接口彩色 camera 模组（见图 2）的优缺点，我让这个 camera 和我的微处理器主板间的通信速度达到了将近 1Mbit/s，这大约为每秒三帧（3fps）。这个速度对于大多数情况下的机器人导航来说还不太够，但已经可以用于机器人速度要求不是很高的场合。如果你有一个可以很好地匹配 uCam-II 的 UART 速率的通用异步收发传输器（UART）接口，那么略微超过 4Mbit/s（12fps）还是有可能的，对于导航来说这个速度也是足够快了。这个 camera 模组的价格为 49 美元，4D

图 2　4D System 公司 uCam-II 的 UART 接口彩色 camera 模组

Systems 公司提供了其 Workshop 4 IDE（免费软件）来帮助你可以很容易地配置 camera 主板，你可以前往 www.4dsystems.com.au/product/uCAM_II/ 获取更多信息。

CMUCam5 Pixi

接下来要考虑的机器人视觉主板是古老的 CMUcam 系列，CMUcam 系列的 1 到 4 都已退役，被产品线中最新的产品 Pixy CMUcam5 所取代，它更小、更好且更快（我们假设其如此，产品参见图 3）。CMUcam 系列产品都具有内置的物体跟踪软件，同时还有可在电脑上使用的优雅的基于 Java 语言的工具，可以帮助你配置和测试 camera。

图 3　Pixy CMUcam5

这个 camera 可以以 50fps 的速率输出结果，所以其跟踪速度是绝对够机器人导航实验所用了。不仅如此，这块视觉主板除了输出图像之外，还会告诉你物体位置，甚至还有一个内置的供伺服电机使用的平移和倾斜功能。CMUcam5 可以在很多地方买到，你可以在 www.cmucam.org/ 网址查看他们的网站，正如你可以看到的，这是一个开源项目，有许多用户可以帮助你完成项目。CMUcam5 的价格依据不同商家大约在 70 美元到 85 美元之间。

Arducam 功能板和 Arducam Mini

似乎我们没有办法在谈论机器人的时候不谈到 Arduino，确实有名为 Arducam 系列的 Arduino 兼容 camera，我知道这个系列的两个产品——版本 B 和版本 C 的 Arducam 功能板（www.arducam.com/tag/arducam-shield-2/），它们配备了一组令人困惑的选项。这款主板的一个不错的功能是内置的用于图像存储的 uSD 卡槽，另一个不错的功能是最高时钟速度为 8MHz 的 camera 数据 SPI 接口，这意味着一幅 76KB 的 320x240 RGB（565）屏幕图像可以以大约 13fps 的速度传送。Arducam 功能板是一个开源项目，所以完整的原理图和代码可以提供给用户和黑客随意使用。这块功能板的文档可能不太容易找到，不过可以通过 Google 搜索：www.arducam.com/category/user-guide/。这里的文档不算齐全，因此你在项目过程中会碰到一些挑战！

这块 Arducam 功能板非常简单，只有一个连接到 camera 的接口，主板上并不做什么处理，而是将处理工作留给在微控制器主板上运行的程序来完成，图 4 是不含 camera 模组的功能板的图像。Arducam 网站提供了指向 UCTronics 网站的链接来购买它们（www.uctronics.com/catalogsearch/result/?q=arducam+shield）。在该网站上，不含 camera 模组的功能板报价为 29.99 美元，可以在该功能板上运行的 camera 模组价格从 6 美元到 13 美元不等，或者你也可以前往 Marlin P. Jones 的网店去买标价为 39.95 美元的产品，该产品预装有一个 200 万像素的摄像头（www.mpja.com/CameraArduino-Compatible-Shield/productinfo/31065%20MP）。

还有一个产品进入了 Arducam 套装中：Arducam Mini。这块袖珍的主板上附带了安装在它上面的精选的 camera，但没有设计 uSD 卡槽，其 I/O 端口与 Arducam 功能板相同。用户手册也可在同一个地方找到（www.arducam.com/category/user-guide/）。

这个设备可能不会像 Arducam 功能板一样功能众多，但它体积足够袖珍，让你可以在微控制器主板上放置不止一个（见图 5）。我发现这些产品在 UCTronics 网站有售，同时在 eBay 网店上也有售价为 25.99 美元的 200 万像素的 camera 模组。

图 4　不含 camera 的 Arducam 功能板　　　　图 5　Arducam Mini 功能板

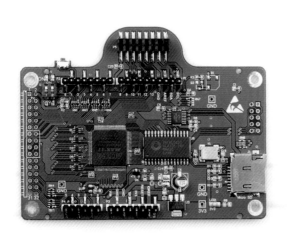

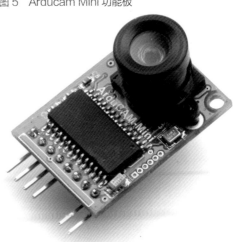

综述

如果你想在项目中运用自己的视觉系统，再没有比尝试并真正地对 Gameboy 的 camera 进行折腾更合适的事情了。这将相当有趣，可以学到东西，而且价格便宜，它是我所能想到的最划算的选择了。

如果你想有个自带示例代码的、有接口连接到 Arduino 的 camera 板，那么 Arducam 产品很适合你。你需要使用自己的视觉系统，不过硬件价格很便宜。如果稍微多花一点钱并获取更好的文档，你可以使用 4D Systems 公司的 uCam-II camera，并用它实现自己的视觉算法，你可以在《机器人爱好者（第 1 辑）》第 3 章中找到可以起步的代码。如果你不介意再多花一点钱来得到一个现成可用的具备目标追踪能力的视觉系统的话，那么 CMUcam5 是你的最佳选择，这个 camera 模组将比任何我们讨论的其他视觉系统让你上手得更快。

无论你选择哪一个方案，你都会在赋予机器人视觉能力的过程中获益匪浅。好了，这篇文章就到此结束了！希望我为你的有关机器人视觉系统的相关思考提供了一些思路。

Arduino 家居安全系统构建实战
书号：978-7-115-43013-7 定价：39 元
用 Arduino 实现家居安全系统的设计
构建及维护

Arduino 实战
书号：978-7-115-34331-4 定价：69 元
实用的 Arduino 图书，搭建原型和 DIY 电子制作
的实践指南

动手玩转 Arduino
书号：978-7-115-33596-8 定价：59 元
精心整合 65 个 Arduino 作品，让读者以感性的方式掌握更多的 Arduino 知识和经验

2015 SparkFun AVC 大赛

2015 年，我有机会在 SparkFun 年度 AVC 大赛（Autonomous Vehicle Competition）的时候参观了 SparkFun 的各种设施。下面，Mr.Roboto 就带大家来看看这些令人激动的场面吧！

我的第一印象是，哦，这里有企业展位、展示厅，当然还有机器人、一个蚁级和甲壳虫级格斗竞赛区、示范、课堂、创作室以及 SparkFun 店等等，当然最后还有器材展（如图1到图5）。

图1～图5　SparkFun 年度自主车辆大赛（AVC）

图1

图2

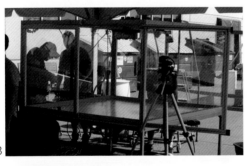

图3

图4

图5

今年的场馆面积要比去年大得多，比赛区域也扩大了，使得观看更加容易。全部展会的路线都集中在一起，所以你不必绕着整个场馆到处追着看机器人了。此外，还有第三方的展位展示展品，你可以购买、制作或为他们工作。这里的主题显而易见："学习电子是种乐趣（Learning Electronics is Fun）"，这基本上就是 SparkFun 的口头禅。所有的展位都是有关学习、制作以及学习和制作的乐趣的。

没有办法在一篇文章中详述如此盛会中发生的每一件事情，即使用一个小时的电视节目来让读者对此有一个全面的了解也力有未逮吧！因此，我将向大家介绍最受关注的事件，并展示大量图片。

展品和展位

观众进"门"后看到的第一件东西当然是展位，我第一眼看到的是 hackster.io 的 *Hack to the Future Delorean*。Hackster 自称是个创客社区，可以安排大家在那里炫耀和分享自己的专业知识及项目，Hackster Delorean 基本上是一个社区项目，这是他们在所有的黑客项目中精选出来的，想看看在一辆车上到底能够集成多少很酷的黑客工作。

对于了解相关电影的人来说，Delorean 是一个流行文化的图标。Hackster Delorean 就能做那个！他们有很多类似的项目在进行，所以去 Hacksterd 的现场去看看吧（图 6）！

图 6　Hackster.io 的现场

有大量的促进学习的玩具和课堂类的展位，所以在被迷失的眼花缭乱中的大部分时间里，我还是设法对部分更为有趣的（对我来说）展品做了一些记录。在其中一个展台，Lulzbot 展示了名为"Tglaze"的 3D 打印机，这种打印机使用回收塑料瓶作为原料，相当坚固而又灵活，同

时因为是废物利用，所以它们显得更加的酷。而在"Structobot"展台，这些动力砂（Kinetic Sand，现在在教育玩具商店可以买到）的创客们展示了他们的 Structobot 系列的玩具，展品中包括了一些网上开源的可以制作机器人的零件，很快即将被发布（图 7 和图 8）。

图 7　Lulzbot 及其 Tglaze 3D 打印机

图 8　Structobot 的 Structobot 系列玩具

格斗机器人

　　格斗机器人是能够取悦观众的一类展品。这些蚁级和甲壳虫级交战方及其竞技场无需占用人多的空间，而那里汇聚着大量来自全美各地的参赛者（图 9）。

图 9　格斗机器人及其竞技场

室内展厅

门内有焊接课堂、"创客"车间、SparkFun 商店以及可参观的工厂等等，我没有在游览过程中适时地好好努力，因此很抱歉，没有入驻于 SparkFun 设施中的制造和课堂的内部镜头（也许明年会有）。SparkFun 在他们的新建筑中为一个真正的实体店留了一席之地，我说的实际上是一个玩具店！这个店里面有着无数的套件、主板以及正在展示的样例。商店里挤满了人，每次我进入都需要避开热点地区（图 10 和图 11）。

图 10 和图 11　SparkFun 的实体店

图 10

图 11

AVC 大赛

哦，是的，如同往届一样，在同一时间也有 AVC（Autonomous Vehicle Competition）大赛正在上演。

今年有超过 70 多个比赛项目，它们被分成了几大类，分别是 Doping、Micro/PBR、Non-Traditional Locomotion，以及 Peloton。似乎没有人能完全理解它们之间的不同之处，看上去也没有人真的在意。如果你对这些细节感兴趣的话可以上 SparkFun 的网站去查询（https://avc.sparkfun.com/2015）。

最后，还有学生组的比赛，可以让学生（主要是高中生）和其他任何组组成一个混合团队进行比赛，你有机会赢两次哦。

今年没有航空组的比赛，新的 SparkFun 的地点太靠近高速公路了，虽然 1.8 米高的栅栏可以很好地防止地面交通工具，但它们可无法阻止飞行器的失控飞行（而且总是至少有一个会如此）。以我过去观看飞行机器人的经验来看，反正总觉得它们有点无聊。

随着可用于单旋翼或多旋翼的飞行器的真正优秀的惯性测量组件（IMU, Inertial Measurement Unit）的应用，它们已经变得如此精确，以至于其运动几乎是完全可预测的了（依我拙见）。但如果要在保证观众安全的情况下为飞行器建造一个超越障碍训练场，仍然会有些困难。许多富有创意、具备工程背景并且充满奉献精神的人被要求保障类似 AVC 这样的大事件的成功，在图 12 和图 13 中，托尼正在给预赛打分，另一张是在不停使用中的音频、视频、舞台和录音控制台的一个镜头，此时正有许多预赛正在进行，很多类型的机器人正在大显身手并被评分。

图 12 和图 13　预赛评分

图 12

图 13

当闲逛到赛车修理点时，我和 SparkFun 的软件和 IT 的新经理蒂姆聊起了 AVC。蒂姆的介绍也是集中在教育这个话题上："我们举办这个赛事，并在比赛中设置了学生组，以鼓励高中年龄的孩子们来参与并学习到这一点：技术是可以既有趣又有用的"。

以下是本次比赛的一些亮点：第一个成功通过航线的机器人是斯瑞尼瓦斯·拉吉的 Autonmade（图 14）；如果你不使用 GPS 为机器人导航的话，就可以得到额外加分，实际上，由内森和理查德·伯恩赛德兄弟俩制造的两个机器人就是通过使用陀螺仪的航迹推测法赢得他们的分赛的。他们用的这些陀螺仪以 1 kHz 的比率采样，然后将采样值规整为一个 32 位的值。他们完成比赛的时间都在 20 秒左右，因此（这么短的时间内）陀螺仪的漂移完全可以忽略不计（图 15 到图 17）。

图 14 拉吉和他的赛车

图 15 ~图 17 伯恩赛德兄弟和他们的赛车

图 15

图 16

图 17

　　拉吉和伯恩赛德兄弟的赛车是唯一通过"混乱地带（discombobulator）"的两个机器人，这是一个两侧是斜坡中间是转盘的地形，如果参赛者能在这个地形幸存的话，可以减少一半的比赛路程。

　　令人悲伤的是，没有一个非传统运动类的步行者或气垫船能够通过第一个弯道的。伙计们，也许明年就可以了！我没有记下所有的积分榜，但是在图 18 和图 19 中附上了大赛结束时的排行榜照片。

图 18 和图 19　本次大赛的排行榜

135 AUTON	50 GIZMO ROBO	655 QUIXOTE	500 STUDENTS ROSY THE ROBOT
250 DAISY ROVER	50 THE QUICK AND DIRTY		370 THE OUTLAW
566 ROSY THE ROBOT	50 MAX		25 F.U.I
475 ANKLE BITER	25 WILE E. COYOTE		75 SHAZBOT-A-SAURUS
449 KILLER KITTY	25 CHARLIE		50 MAX
396 ARDUCRASHER -9000	25 JC-BOT		50 K9
500 THE OUTLAW			100 CHARLIE
275 F.U.I			25 TJ BOT
75 CD SPEED			25 TEDDY THE TANK

图 18

1881 ROADRUNNER CLASSIC	50 K9	1256 MINUTEMAN
650 LISA	50 GREEN MACHINE	1141 JROVER MAXX
415 CHEESEHEAD	25 TRITONOMOUS	75 SHAZBOT-A-SAURUS
250 VENGEANCE	25 TEDDY THE TANK	50 CARPUTER
75 CARDIS	25 G-FORCE 2.0	25 DAGNY
75 BOB THE ALIEN		
50 51 ON THE RUN		
50 RALPHIE		
50 ANT.T		

图 19

　　在一天结束的时候，我们被邀请观赏来自一个 Youtube 视频的现场表演，表演者是 Rogue Making（www.RogueMaking.com）的"Arduino 女士"特纳亚 · 赫斯特。Rogue Making 出售可穿戴技术相关的产品并促进这方面的"制作"，他们虽然不制作机器人，但确实喜欢制作时尚科技（图 20）。

图 20　Rogue Making 的现场表演

　　仅仅重温这次盛会就让我再次精疲力竭！如果你能够参加这次大赛，那一定不要错过。而我将在明年回来，也许我会带一个机器人来！

表　本文中提到的产品

型号	类型	厂家
PICadillo-35T	电阻触摸 LCD 模组	4D Systems（chipKIT 方 案，Majenko 图形库）
microLCD	LCD 模组	4D Systems
4D Systems Workstation 4	IDE	4D Systems
uCAM-II	camera 模组	4D Systems
chipKIT	开源硬件平台	Digilent
MAX32	chipKIT 系列微控制器	Digilent
UECIDE	IDE	Majenko Tech
PICadillo 35T 图形库	图形开发库	Majenko Tech
Microchip PICKit™ 3	烧录器	Microchip

机器人 DIY

手工焊接基础

Bob Wettermann 和 Nick Brucks 撰文　况琪 译

　　这是一个手把手的电子元件手工焊接系列教程。我们先来看看你所需的工具和材料、焊接的基本过程以及后面会涉及的一些术语的含义。如果你已经具备了一些焊接经验，这里主要是一个回顾。

第一部分　焊接基础知识

　　在具体讲解焊接之前，我们首先要讨论一下 ESD。ESD 全称为静电放电（Electrostatic Discharge），它指的是在两个物体之间的静电突然产生放电。我们经常在日常生活中遇到 ESD。当你在干燥的冬季触碰车门，或是在走过一块地毯后触碰门把手——那种电你一下的感觉就是 ESD。这种放电的电压可能超过 20kV，这个电压已经足以摧毁绝大部分的电子元器件了。正是因为如此，在操作电子器件时，防止静电荷的积累就成了一项重要工作，因为即使是很小的电势，也可以损坏一些敏感的器件。

　　要想避免静电，就要避免穿着松垮的衣物，也不要将衣物垂到静电敏感的器件上。应穿着棉质的衣物，避免穿着羊毛或合成材质的衣物。应佩戴良好接地的 ESD 腕带或脚腕带，并在操作电子器件时确保它已经良好接地，如图 1 所示。如果担心意外损坏器件，你可以在网上以合理的价格买到这种装置。总的来说，尽可能少去触碰静电敏感器件总是好的，因为你接触器件的次数越多，它被静电放电意外损坏的概率就越大。

　　好了，让我们进入到焊接的话题。焊接指的是利用焊料合金将两块金属连接在一起的过程。焊接是最古老的连接技术之一。一次成功的焊接会产生一个可靠的焊料连接——同时完成可靠的机械连接和电气连接。

图 1　请确保你已经良好接地

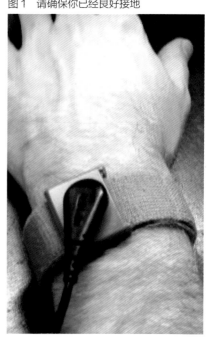

这里使用的焊料合金是焊接过程中的关键材料。电子设备中使用的焊料是一种金属合金。在有铅焊接中，使用的常见的焊料是锡和铅按一定比例构成的合金，在无铅焊接中，使用的则是锡、银、铜等组成的合金。在为不同类型的焊料打标签或命名时，制造商会使用每种金属的化学元素符号。举例来说，锡是"Sn"、银是"Ag"、铜是"Cu"而铅是"Pb"。

按照这个逻辑，有一种常用的无铅焊料叫做SAC305。这意味着它的构成是：96.5%的锡、3%的银和0.5%的铜。弄清楚自己使用的是哪种焊料合金是很有必要的，因为不同的焊料有不同的熔点，这决定了要快速熔化焊料所需的热量。

举例来说，SN63/PB37锡铅焊料的熔点是361 ℉（187℃），而有些无铅焊料的熔点大概是422 ℉（217℃）。了解这些知识后，你就可以更好地控制焊接操作时的最高温度，来确保能用最短的时间得到一个可靠的焊点。除此之外，还要特别注意不要让有铅焊料和无铅焊料间产生交叉污染。

另一样需要在焊接时注意的东西就是助焊剂。要确保可焊性并形成良好的焊点，助焊剂是至关重要的。助焊剂的主要作用是清除可焊表面的氧化物并辅助热传递。它会让焊料更好地"浸润"金属表面。

图2 焊剂芯锡线中包含了助焊剂，以确保你使用恰当的合金和助焊剂

手工焊接操作时使用的助焊剂主要有两种。第一种是松香助焊剂。纯净的松香助焊剂在室温下作用很小，但在升温时会与金属氧化物剧烈地反应。正是因为这样，我们称助焊剂是热活化的。另外一种助焊剂是免洗助焊剂，与松香助焊剂相比，免洗助焊剂是由完全不同的成分构成的。它们主要由有机或无机材料组成，其中约有97%是溶剂（酒精或水）。除了外部施加的助焊剂，我们还会通过焊锡丝（图2）施加助焊剂。在焊锡丝当中，可能含有体积占比1.1%、2.2%或3.3%的助焊剂。

你还应考虑焊接时的热传递方式。在手工焊接中有两种常用的加热方法，分别是对流（图3）和传导（图4）。

图 3　对流焊接通常用于更加复杂的表面贴装器件

图 4　传导焊接

最常用的方法是传导焊接。在这种方法中，烙铁要与待焊接的材料发生接触。这种方式会将热量快速地直接传递到目标区域，因此非常适合于手工焊接。为了强化热传递，我们需要一点熔化的焊料，来在烙铁和器件之间形成一个"热桥"。

在对流焊接中，空气作为最主要的热源。因此，你需要一支热风枪或者类似的工具，来将加热了的空气吹向待焊接的区域。这种方法的热传递效率更低，因为空气不能快速地传热。也正是因为如此，在使用对流焊接时，你要多加小心。

电路板被加热的时间越长，热损伤的可能性就越大，例如层压板起翘损坏、相邻器件的焊点再流[①] 或者损毁电子组装中的胶水、电池、塑料连接器之类的热敏感零件。

在使用烙铁时，选择合适的烙铁头是第一要务。为了能快速形成一个浸润良好的焊点，你必须要使用合适的烙铁头。一定要使用不超过焊盘尺寸的最大的烙铁头。合适的烙铁头应该可以覆盖焊接区域 50% ~ 75% 的面积（图 5）。

如果使用了过小的烙铁头，你就无法快速（2 ~ 3 秒内）传递足够的热量来形成焊点。如果烙铁头过大，你可能会损伤焊接区域附近的层压板。这就是烙铁头尺寸如此重要的原因了。一个"差不多"大小的烙铁头对于大多数应用来说还不够好。在焊接时，要同时接触引脚和焊盘。通过建立热桥，你就能快速地焊接器件。

在焊接前后，都要注意清洁和检查焊点。对于一个焊接良好的焊点，连接区域必须是清洁且没有任何异物的。焊接完成之后，每个引脚上的所有的助焊剂残留物都应该用异丙醇或者其他清洁剂清理干净，然后用无毛防静电纸巾吸干该区域的清洁剂。如果不这么做，可能会导致图 6 所示的情形，这可能会影响良好的焊点。整个成品应该完全没有助焊剂的残留。除非你使用了"免洗"助焊剂，否则一定要记住，焊接过程的第一步和最后一步都是清洁焊点。

———————

① 　译者注：已经降温凝固的焊料受热重新变成液态，术语称为再流或回流（reflow）。

图 5 选择合适的烙铁头，大概是焊盘尺寸的 50% ~ 75%

图 6 QFP 引脚间的助焊剂残留物

在外观上看，焊点具有光亮或者绸缎样的质感，并且通常具有平滑的外观。无铅焊料可能会呈现轻微颗粒状的表面。填锡应呈现轻微凹陷的形状。通常情况下，只有在可靠性需要改进时才应进行修补（返工），以免额外的加热造成其他问题。

图 7 通孔器件

我们还要介绍一些电子组装中常用术语，理解这些术语对阅读后续的文章很重要。首先，器件指的是任何操作电流的设备。许多器件都有引脚，通常是从器件中伸出的两根或更多根刚性金属导线。有些引脚是直的，有些不是。有些引脚是圆形的导线，有些是扁平导线。带有引脚的器件（图 7）意味着它要透过板上的孔来焊接，称为通孔器件。在讲解特定零件的焊接时，我们还会进一步讲解引脚。

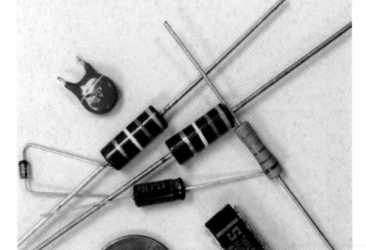

随着印制电路板（PCB）密度的提升，器件的外型尺寸也在相应地缩小。器件开始普遍地把与 PCB 间的电气连接点设置在器件本体的底部，以缩小占

用的面积。这种器件可以用焊料附着到印刷电路板的表面。这种安装在表面的器件通常缩写为 SMD（表面贴装器件，图8）。

别忘了有些器件（比如二极管）是有正负极的，所以必须以正确的方向安装到电路板上。带有正负极的器件称为是有极性的。正极引脚称为阳极，而负极引脚称为阴极。极性可以在器件表面以各种不同的方式表示出来，包括（+）和（−）符号。标记阴极或阳极引脚的标记或符号会有各种不同的形状和形式。

图 8　表面贴装器件

有些器件还会有一个值，这是一个数字量，还有一个距离该值允许的偏移量，也就是容许的误差。电阻和电容是 PCB 上常见的器件，而将正确数值的器件（很多器件在外观上没有任何差异）放到 PCB 的正确位置上则是至关重要的。

另外一件需要注意的事情就是摆放器件时的朝向，器件朝向指的是器件如何定位并焊接到电路板上。朝向通常会以某种方式标记在器件的本体上。朝向标记（图9）或符号包括：缺口、凹坑、三角、条纹、数字等。对于集成电路这类多引脚器件，朝向标记指示了1号引脚的位置，所以要将那个引脚与电路板上相应的焊盘匹配。与之匹配的标记也可以在电路板上找到，包括一个符号（通常是一个加号）或者是一个方形的焊盘。

接下来，我们会讨论通孔连接器的焊接方法。

图 9　对于某些器件来说，朝向是至关重要的，要确保其与板上的标记匹配

第二部分　通孔元件焊接实战

尽管表面贴装（surface-mount technology，SMT）器件已经成为了当今封装类型的主导，但在大多数混合技术的项目中，仍有许多通孔元件需要焊接。这通常是由于这些元件在设备的相互作用中具有更好的机械强度，另外一些高压器件（例如功率管和电容器）通常也采用通孔封装。

要进行轴向引线器件的通孔焊接，需要使用各种材料。要进行这种类型的摆放和焊接，需要下列工具和器件（见图1）：印刷电路板（PCB）；焊锡丝；助焊剂；轴向引线器件；酒精；具有凿形头的烙铁；钳子（用于引脚成型）；毛刷；吸锡线。

在开始焊接之前，我们需要了解一些安全规程和静电放电（electrostatic discharge，ESD）预防措施。

烙铁头会变得非常热（约230℃），因此一旦烫伤是非常痛苦的，尤其是烫伤身体最敏感的地方——你的手指！请永远假设烙铁头是热的！完成焊接后，在吃东西之前一定要洗手，尤其是在使用锡铅焊接系统时。

安全规程不但要保护你免受高温和化学药品的伤害，同时也要保护器件。尽管大部分通孔元件实际上是被动器件，因此并非每一种都需要静电（ESD）和湿气（MSD）保护，但最好确保你已经良好接地（参见第一部分图1），并假设现在PCB上的所有元器件都容易受到静电的损坏。

这里会讨论两种不同类型器件的手工焊接过程：简单的通孔轴向引线器件和通孔连接器。

请参阅图示和下述步骤，将一个通孔轴向引线器件焊接到PCB上。

1. 使用异丙醇清洁器件的引脚。用Kimwipe纸巾轻轻擦拭（注意：不要弯折器件的引脚）。将器件擦干，去掉残余的酒精。另外你还可以为烙铁头镀锡，以确保焊料的良好浸润，见图2。

图 1　所需材料

图 2　为烙铁头上锡

2. 准备要焊接的焊盘。按照上述方法，用酒精清洁 PCB 正反两面的待焊接器件的焊盘。在焊盘上熔化焊料，然后再用吸锡线或者吸锡器将焊料去掉，这样就可以为焊盘表面上锡了，见图 3。去掉所有多余的焊料，然后用毛刷和酒精清洁焊盘（注意，在使用吸锡线吸取焊料时，不要过于用力地向下压焊盘，否则可能会损坏焊盘）。

3. 将轴向引线的电阻放置在 PCB 的器件面，将器件本体置于两个镀锡通孔（PTH）间的居中位置。将引脚成型钳的边缘放到镀锡通孔的中间，并用钳子夹住引脚（请夹紧引脚，这样当你 90°弯折引脚时它才不会移动，但也不要夹太紧，以免损坏引脚）。将你的拇指或者食指放在器件本体上，然后按压器件，在单侧引脚上形成一个 90°的弯折，如图 4 所示。钳子只是用于夹住器件的引脚，而弯折引脚的操作是由手指完成的。

图 3　为焊盘上锡

图 4　用一个专用工具（Christmas tree prep tool）弯折电阻的引脚

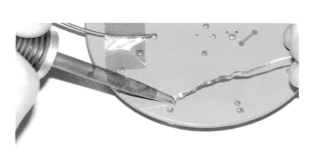

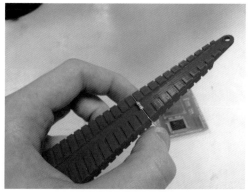

4. 将已弯折的那个引脚插入镀锡通孔中。

5. 用同样的技巧弯折另外一侧的引脚。

6. 检查器件的引脚。它们应该宽松地插入镀锡通孔，并且两边都是严格 90° 的弯折。

7. 在将伸出板子另一面的多余引脚剪断之前，要确保器件是与 PCB 表面平齐的。用剪线钳将引脚修剪到约 1.5mm 长。最简单的方法是使用一枚 10 美分的硬币，将它放在引脚旁边来确定切断的位置，硬币的厚度大概是 1.3mm。切断引脚之后，用一根小木棍将引脚弯折直至接触焊盘，同时将器件固定就位。这会形成一个牢靠的连接端，可以帮助器件在焊接时仍保持在原位。现在器件的引脚已经扣紧并就位，如图 5 所示，下面就可以开始焊接了。

8. 在 PCB 的器件面和焊接面都添加助焊剂。助焊剂是一种酸性物质，它可以清除焊点的氧化物，并帮助热量传递到焊点（正确选择助焊剂的小技巧是，免洗助焊剂的残渣会少得多。很多制造商会选择免洗助焊剂，因为这样可以省去焊接后的清洗流程。但不管怎样，我们还是会在焊接后清洗电路板。较高的烙铁温度和免洗助焊剂和在一起，会大大缩短烙铁头的寿命）。

9. 清洁烙铁头并让烙铁回温，如图 6 所示。

图 5　一个已经正确摆放的器件的背面，引脚被弯向两边　　图 6　用湿海绵清洁烙铁头

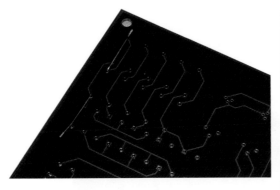

如何选择正确的烙铁头

　　根据具体应用选择正确形状的烙铁头是很重要的。烙铁头必须能与焊点正确地匹配，如图 7 所示，选择合适的烙铁头可以将能量传递最大化，并延长烙铁头的寿命，从而带来更高的工作效率。凿形烙铁头在绝大部分情况下都可以工作。划过、摩擦或者用力按压都不能帮助热量更好地传递。烙铁头太小会耗时更久，这会伤害烙铁头，也不能有效地将能量传递到负载。小号的烙铁头看起来好像

机器人 DIY

是不够热，或者不够快。过大的烙铁头会伤害 PCB，损伤烙铁头，甚至会在烙铁头上弄出一个洞。

图 7　选择合适的烙铁头 ① 尺寸（稍微大于焊盘）

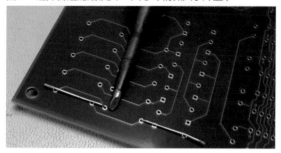

在用隔热垫将器件保持在原位的同时，点焊器件一端的引脚。将烙铁头放在焊盘和器件引脚间的连接点上。在烙铁头和引脚间的连接点上施加一点焊料，来形成一个焊桥。对于绝大多数项目，可以使用直径为 0.4 毫米或 0.5 毫米的松香芯焊料。对于原型项目，可以使用 Sn63Pb37（或称"有铅"）焊料，因为这种焊料可以更容易地浸润焊盘，而且具有更低的熔点。

在通过点焊将器件固定住之后，可以使用同样的技巧来正确地焊接另外一个引脚。

如何选择正确的焊接温度

在使用有铅焊料时，建议以 340℃ 作为烙铁的起始温度（在使用无铅 SAC 合金焊料时则为 380℃）。如果板子很简单，也没有大量的背平面，那就可以使用这个温度。如果焊接的是一块带有铜层的厚重的板子，最好使用更高的温度，或者使用背面的加热器作为烙铁的辅助。

1. 用酒精清洁 PCB 的两面。

2. 根据 IPC-A-610 标准（全球首选的电子组装可接受度国际标准）检查 PCB 的两面，如图 8 和图 9 所示。

图 8　焊接之前请确保 DIP 上的缺口与 PCB 上的缺口位置匹配

图 9　背面

---

① 　译者注：图中的烙铁头形状并不是文中所述的凿形，而是马蹄形，凿形烙铁头类似于一字形螺丝刀。

虽然我们不会专门讲解检查标准，但发生下列常见问题时，就需要对焊点进行返工：

· 引脚弯折半径小于引脚直径。

· 引脚受损的深度大于引脚直径的 10%。

· 引脚由于反复弯折而畸形。

· 板子背面完全弯折后的引脚长于 2.5mm 并弯向了一条与之非电气相连的走线。

· 在 PCB 的器件面，引脚和焊盘周围被焊料浸润的部分小于二分之一。

· 在 PCB 的焊接面，填锡和引脚周围浸润的部分小于四分之三。

在 PCB 的焊接面，焊盘被浸润的面积小于 75%。

· 填锡没有呈现轻微凹陷的形状，也没有形成一个薄边。

· 焊点表面应该光滑、没有孔隙也没有受到扰动[1]，表面呈现出光亮或者绸缎样的质感。确保填锡已经完全地浸润了连接点，并呈现出轻微凹陷的形状。

另外一类在搭建项目时常见的通孔器件就是 DIP（双列直插封装）器件。跟轴向引线器件不同，这类器件不需要对引脚进行很多准备工作，但却需要更高的焊接技巧。

器件准备、材料准备以及对这类器件的焊接方法都与之前讨论的轴向引线器件相似。但通常来说，它们众多的引脚更容受到损坏，这些引脚很容被弯折甚至折断，因此在操作这类器件时要多加防范。

下面给出焊接连接器的步骤：

1. 清洁触片。最好给触片镀锡，以确保引脚的可焊性。

2. 利用前文所述的方法，用酒精清洁 DIP 器件焊接处 PCB 两面的焊盘。

3. 准备要焊接的器件。用钳子轻轻弯折器件的引脚，使其能够宽松地插入通孔中。确保连接器的方向是正确的，可以通过 1 号引脚标记或者印刷在 PCB 上的器件轮廓来确定方向。

4. 在焊接面的所有引脚上施加助焊剂。

5. 点焊位于对角的两个引脚使其就位，如图 10 所示 。确保连接器与板子保持水半或者完全固定在 PCB 上。

---

[1] 译者注：焊料在降温凝固期间，如果器件引脚与焊盘间发生移动，就会使焊点表面看起来像起了皱纹，这就是受扰焊点。

图 10　焊接 DIP 的两个对角来将其固定住

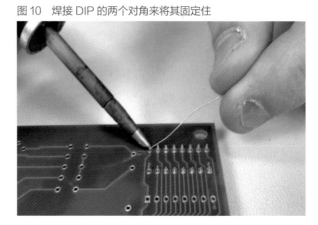

6. 间隔地焊接引脚，然后回过头来焊接之前跳过的引脚[①]。不要从刚才点焊定位的引脚处开始焊接，因为它们要将器件固定在原位。

7. 用酒精清洁 PCB 两面的焊点，并吸干所有残留的溶剂。

8. 检查刚刚焊接的器件。

限于篇幅，这里没法讲述这种连接点的全部可接受度准则，但对于多引脚器件，下列缺陷是在焊接后特别需要注意的：

· 连接器的极性或者方向错误。

· 连接器倾斜，导致引脚突出，甚至在特定的外壳中导致连接器无法使用。

· 缺乏清洁，有可见的助焊剂残留，或在金属区域有白色结晶物残留。

· 在 PCB 的器件面，引脚和焊盘周围被焊料浸润的部分小于二分之一。

· 在 PCB 的焊接面，填锡和引脚浸润的部分小于四分之三。

· 焊料填充镀锡通孔的深度小于 75%。

· 焊料填充带有散热平面的镀锡通孔的深度小于 50%。

· 在焊接面，焊盘浸润的面积小于 75%。

· 填锡是凸起的，而没有形成一个薄边。

虽然这里只介绍了两种封装的通孔器件的焊接，但其他封装的通孔器件也可以使用类似的流程。在接下来的第三部分中，我们会讲述表面贴装器件的焊接技巧。

---

① 译者注：之所以间隔地焊接，而不是连续地焊接一排引脚，是为了让焊点周围区域降温。如果连续焊接相隔很近的引脚，引脚周围的热量会不断积累，可能对器件造成热损伤。

第三部分　表面贴装器件的焊接

在如今的印刷电路板（PCB）上，表面贴装（SMT）器件要比通孔器件常见得多。拆开家中的任何一个电子设备（最好是不太要紧的设备），你就会发现几乎所有的器件都是"平躺"在电路板的一面，而不是通过引脚插入到 PCB 的另一面。这种安装方式使得表面贴装器件能够非常快速地摆放到 PCB 上，而且与同样的通孔器件相比，还可以节约大量的空间。这些优势使得它们非常适用于现代的电子设备。

通常情况下，表面贴装器件要比通孔器件更难手工焊接。也正因为如此，工业上的绝大多数表面贴装焊接都是由机器完成的。然而，表面贴装器件的手工焊接仍然是一项有价值的技能，尤其是当你的项目具有严格的空间需求时，或者是在手工返工或者维修由机器组装的设备时。

在开始之前，你需要以下设备，如图 1 所示：

- 装有小号凿形烙铁头的烙铁；
- 焊锡丝；
- 助焊剂；
- 异丙醇和纸巾；
- 毛刷；
- 吸锡线；
- 印刷电路板；
- 镊子。

图 1　你所需要的材料

正如上一部分中讲到的，别忘了采取必要的防静电和安全措施，别让你自己或者器件受到任何潜在的伤害。永远要假设烙铁头是热的，并确保在焊接之后洗手——特别是在使用锡铅焊料的时候。请确保自己已经良好接地，这可以有效避免静电带来的伤害。

我们要讨论的第一种表面贴装封装是被动器件的封装，也就是标准的电阻和电容所采用的封装。它们通常是扁平的矩形薄片，在薄片的两端有金属化的端点，这就是要被焊接的地方。

这些器件非常小，如图 2 所示，这是它们在电子产品设计中的优点，也是我们焊接它们时的挑战。焊接这些表面贴装器件时手不能抖，还要小心控制施加的热量。

还有一件特别重要的事情，就是要观察器件是否发生了"立碑现象"。由于这些片式器件通常非常轻，在液态的焊料冷却收缩时[①]，器件的一边可能会上翻撬起。最终的结果就是器件被竖直地焊接在板上，这就称为"立碑现象"。在焊接时用镊子压住表面贴装器件的中心，就能防止这种现象发生。让我们开始吧！

图 2　两个表面贴装型电阻（硬币用于显示比例）

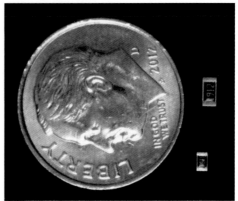

1. 跟以往一样，首先用异丙醇清洁焊盘并用纸巾擦干，以确保可焊性。

2. 在烙铁头上熔化少量焊料，并将其点焊在 PCB 的一个焊盘上。

3. 焊料冷却后，将器件放下并让两个引脚都接触焊盘。在焊接前，先向其中一个引脚施加液态助焊剂。此时，要确保器件已经准确地对齐了。在你焊接一端之后，若非必要，器件就不会再移动了。

4. 将之前已经施加焊料的一端重新熔化。与此同时，用镊子按住器件的中心，将烙铁头放在焊盘和引脚间，来让焊料熔化，参见图 3。

5. 在另一端施加助焊剂。将焊锡丝放在引脚和焊盘间，用烙铁来加热。这些器件很小，意味着它们只需要少量的焊料。不要对片式器件的一端加热太久，这些器件很容易将热量传导到另一端，并让另一端的焊料熔化。这会使器件发生立碑现象。

6. 清洁并检查最终结果。尽管下面的内容不是一张专业的综合性列表，但也包含了焊接此类器件时的一些常见错误：

· 器件上有刻痕或切口，暴露出了内部结构。

· 器件的一端没有跟焊盘接触（立碑现象）。

· 器件的侧面超出了焊盘宽度的 50%，或者是器件两端的任意一端超出了焊盘。

· 填锡与器件本体的上表面接触。

另外一种常见的表面贴装类型是三极管和二极管。它们通常是有 3 条（有时更多）扁平引脚的小型器件，有两条在一边，还有一条在另一边。一定要注意这些器件是有极性的，其引脚的排布可以帮助我们鉴别极性。极性很重要，一旦让电流以错误的方向流过这些器件，就会将其损坏。

_____

[①] 译者注：立碑现象与热涨冷缩无关，也并非发生在焊料冷却时，而是在焊料熔化时，由液态焊料的表面张力引起的。

你不需要像焊接片式器件那样担心发生立碑现象，但却要多加小心，以免弯折器件的引脚。被弄弯的引脚可能会折断，还会在焊接时带来麻烦。

将此类器件焊接就位的步骤如下：

1. 跟之前一样用酒精清洁 PCB 的焊盘。

2. 将焊料熔化在焊盘上，并用吸锡线除去焊料，以此为焊盘上锡。用异丙醇和毛刷清除多余的助焊剂。

3. 将器件放在焊盘上。由于这种器件只能从一个方向匹配焊盘，因此你不需要通过对齐缺口的方式来确保极性正确。

4. 在其中的一个引脚上施加助焊剂，并点焊使其就位。点焊时，将烙铁放在引脚扁平部分的上方，并在弧形引脚接触焊盘处的背面施加焊料。

5. 为另外两个引脚施加助焊剂并焊接，用跟之前一样的方法，将烙铁放在引脚上方并在背面施加焊料。然后，再焊接最初点焊的那个引脚。

6. 跟之前一样，清洁并检查最终产品。需要注意的错误包括：

· 器件引脚的侧面有 50% 以上超出了焊盘表面。

· 器件引脚的前端超出了焊盘。

· 焊料过多。

· 无法判断填锡是否已经良好地浸润了引脚四周和焊盘表面。

· 引脚和填锡间的焊料开裂。

焊接完的表面贴装电阻如图 4 所示。

图 3　焊接矩形表面贴装器件的一端

图 4　焊接完成的表面贴装电阻

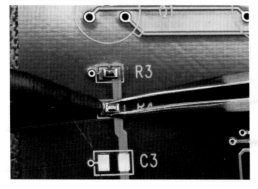

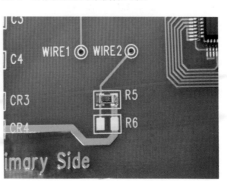

我们最后要了解的是 SOIC 和 QFP 封装的器件，如图 5 和图 6 所示。即使是与通孔焊接流程中的 DIP 器件相比，这些器件的引脚也是相当多的。也正是因为如此，它们既难以焊接，也容易损环。为了避免弯折或弄断引脚，操作此类器件时要轻一点。

图 5　两个 SOT 封装的器件

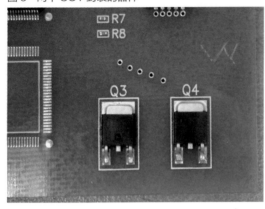

图 6　点焊其中的一个引脚

1. 跟以往一样，用酒精清洁引脚和焊盘。

2. 你可以为焊盘上锡以准备焊接，但不是必需的。

在继续焊接之前，要知道有两种方法完成这个任务。你可以依次为每个引脚施加助焊剂和焊料，如图 7 和图 8 所示，这是一项简单而乏味的工作。或者，你可以使用一种称为"拖焊"的方法。拖焊利用了焊料会粘到焊盘上的性质，但更难以掌握。

图 7　焊接其中一个引脚

图 8　一个 QFP-100 封装的器件，注意其大量的引脚

要进行拖焊，先在烙铁头上施加一小滴焊料。然后以大概 30° 的角度接触引脚的底端，以平稳的速度缓缓拖过一整排焊盘，如图 9 所示。不要施加过大的压力，否则会弯折引脚。在经过最后一个引脚时，将烙铁快速地从引脚前端移开。

如果你决定不使用拖焊技术，那逐一焊接这些引脚的方法跟焊接二极管和三极管是一样的，只不过尺寸更小而已。施加助焊剂，在加热引脚上方的同时，在背面熔化一点焊料。

图9　拖焊一个 QFP-100 封装的器件

3. 无论你采用的是哪种方法，都要根据芯片上的缺口摆放器件，以确保极性正确。

4. 当你对器件摆放的位置满意时，点焊位于对角线位置的两个引脚来将其固定住。将烙铁头平放在一个引脚上，并在引脚接触焊盘的连接点上施加一点焊料，就可以将其点焊就位。

5. 根据你先前选择的方法，拖焊或者逐一焊接引脚。从没有点焊的一侧开始，这样可以保证芯片呆在原位。再说一次，此时不要用力下压，否则引脚会被弄弯。

6. 检查连接，并根据需要重新熔化或添加焊料（每次这样做时都一定要重新施加助焊剂）。你可以通过重新熔化焊料的方式，来去除此处的锡桥。

7. 在器件的每个侧面重复上述步骤。

8. 清洁并检查最终产品。一些常见的错误包括：

· 方向错误。

· 器件摆放正确但引脚有超过 50% 超出了焊盘表面。

· 焊盘外缘发生剥离。

· PCB 热损伤（起泡或分层）。

虽然我们没有时间逐一讲解每种类型的表面贴装技术，但这 3 种流程也可以应用到其他封装类型的器件上。在手工焊接多引脚器件时，拖焊是一项特别有用的技巧，尤其是焊接 100 脚的芯片时，逐一焊接每个引脚会变得非常枯燥。即使你平时不用焊接表面贴装器件，掌握一些它们的焊接技巧总是一件好事，可以以防万一。

最后，我们将讨论一些高级封装类型的摆放和焊接技巧，例如 QFN（无引脚）封装和 BGA（球栅阵列）封装。

第四部分　高级表面贴装封装器件的焊接

在讨论过带引脚的器件和表面贴装器件的焊接之后，我们终于进入到了最后一部分，我们会在这里讲述一些高级表面贴装封装器件的焊接。

球栅阵列（BGA）是一种用于集成电路的表面贴装封装，它通过器件底面上由焊球构成的栅格来附着到电路板上。这使得大量的引脚在一个非常小的区域内接触到印刷电路板（PCB），比密度最高的 DIP（双列直插封装）和 SOIC（小型集成电路封装）的密度还要高，如图 1 所示。在小型化作为关键指标的电子工业中，这种封装不但确保了机器组装的便捷性，也确保了产品的可靠性，即产品有较长的寿命。

图 1　一个被拆除的器件 [1]

从另一方面来说，诸如 QFN（四方扁平无引脚）和 LGA（平面网格阵列）之类无引脚的封装以另外一种方式追求着产品的小型化。不再通过伸出的引脚附着到电路板上，而是通过器件封装底部的焊料"突起"来产生电气连接。最常见到此类表面贴装器件的地方，就是需要超薄结构的地方，比如手持设备或者需要大量散热的设备。

然而，这样的高密度是有代价的，这两种类型的器件在不使用钢网印刷时，对于爱好者们来说都是难以安装的。不仅如此，要可靠地组装这类封装的器件，通常需要昂贵而精密的机器。正是因为如此，本文将把目光转向手工制作原型时的组装方法，而不是工业级的印刷和摆放流程。

所需材料：

· 钢网 [2]；

· 锡浆；

---

[1] 译者注：此器件采用的不是上文所述的 BGA 封装，而是 QFN 封装。

[2] 译者注：工业中使用激光切孔的不锈钢片作为锡浆漏印的模板，通常称为钢网（stencil）。本文实际使用的是一种专用的高分子材料的塑料片，为保持一致仍然译为"钢网"。

· 用于清洁钢网的异丙醇和无毛纸巾；

· 吸锡线；

· 微型刮刀；

· 再流热源（热风枪或者再流焊炉）。

跟之前一样，别忘了采取良好的防静电和安全措施，以避免对你自己和电子器件造成任何潜在的伤害。

让我们先从无引脚器件返修说起。在拾起器件之后，你最好用QFN钢网来将焊料涂器件底部，因为手工操作会非常耗时，而且即使是训练有素的技师也难以做到均匀的厚度。

1. 开始之前，首先清除器件引脚上的污染物。

2. 将两张钢网中较大的一张贴在器件上，器件焊盘要与钢网上开口对齐，如图2所示。

3. 用刮刀将锡浆刮入钢网的开口中。用刮刀从容器中挑取一点锡浆，然后从一边开始，将刮刀移向钢网的另外一边，来将锡浆刮入开口中。

4. 除去多余的锡浆，如图3所示，根据焊料的类型为其加热再流。我们推荐将这一流程通过再流焊炉完成（带有控制器的烤箱也可以），但用热风枪也是可以的。

5. 从器件上移除钢网，并用异丙醇清洁器件焊盘。你应该在器件引脚上看到均匀而一致的焊料突起。

6. 现在用异丙醇清理将要放置器件的电路板，如图4所示。

7. 将另外一张钢网贴在PCB上。我们使用的是StencilMate钢网。将其准确地对齐之后，施加一点压力来激活黏合剂，使其粘贴就位。在黏合之前要确保开口已经与焊盘对齐，如图5所示，因为钢网一旦粘住，就不能再移除并重用了。在此之后，若要做出任何改动，

图2 确保钢网上的开口已经与器件准确地对齐

你只能从头再来。

8. 像之前一样将锡浆刮入钢网。

9. 将做好焊料突起的器件放入钢网，如图6所示。使用同样的温度设定来使焊料再流。

10. 检查最终产品，查找异常现象。确保器件平放在板上，且未受到任何的热损伤。遗憾的是，由于器件引脚的特性如此，要检查器件底面的焊接是否良好是非常困难的。通常情况下，想知道它是否焊好的方法就是对产品进行测试。

图3 如果钢网上有一些多余的锡浆也不要担心。用无毛布就能轻易地擦掉

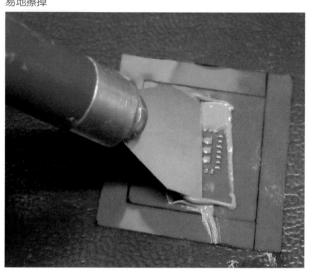

图4 如果使用毛刷施加酒精，注意不要划伤了 PCB

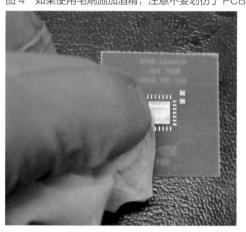

图5 在完全粘住钢网之前，要确保开口与焊盘已经准确地对齐了

图6 通常情况下，由于尺寸太小，你最好用镊子摆放这种器件

在摆放 BGA 的时候，你要面对的主要问题就是小引脚间距器件的摆放，以及有无法用肉眼检查的焊点，这些焊点是通过焊球连接到焊盘的。

1. 用异丙醇清理待焊接区域，从而去除任何可能影响焊点质量的污染物如图 7 所示。

2. 撕掉钢网背面的胶纸。

3. 对齐钢网，如图 8 所示。最可靠的方法是首先将位于两个对角的开口与焊盘对齐。

4. 确保钢网已经准确对齐之后，从一个角开始贴，慢慢地贴到另外一个角。仔细地抚平钢网，去除其中的所有气泡。然后对其施加压力，来激活黏合剂。

5. 在钢网上面用刮刀施加锡浆，如图 9 所示。确保锡浆已经刮入了每个开口。

6. 用无毛纸巾擦去钢网上所有多余的锡浆。

7. 轻轻地摆放 BGA 器件，如图 10 所示。确保器件的焊球或引脚已经与开口对齐。

8. 通过烤箱或者热风枪对器件进行再流焊接。

9. 检查 BGA 器件，确保它是水平的，然后检查器件下方，确保没有焊球开裂或者桥接。

机器人 DIY

图 7　有一条准则就是任何 PCB 和器件都要在焊接之前进行清洁，因为焊接前用酒精清洁器件是很容易的，若焊点受到油污或污染物影响而接触不良，那时再移除并更换器件，就麻烦了

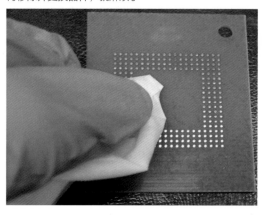

图 8　在使用无引脚器件时，镊子是个很有用的工具，可以用镊子将器件或钢网摆放到 PCB 上

图 9　像之前一样，将锡浆刮入到钢网之中

图 10　对于这个尺寸的器件，用手摆放比用镊子更方便

　　通过本系列的文章，希望你已经学到了一些有用的知识。这份指南至少应该为你提供扎实的知识去进行更加高级的焊接，或者是不时去进行一些返工或者维修操作。无论你打算如何利用这些技能，我们都相信你学到了一些有价值的东西。

数控车床零件设计流程

Michael Simpson 撰文　邱俊涛 译

第一部分　零件设计

这篇文章中，我将展示如何对一个简单零件从概念到设计，再到刀具路径制作的步骤。

我将这个零件制作过程分为下面几个步骤：

图1

- 创意；
- 建模；
- 草稿；
- 刀具路径；
- 零件生成。

创意

我们来从一个创意开始。创意可以如制作矩形隔板一样简单，也可以像制作 3D 打印机的基座一样

复杂。在这篇文章中，我会做两个由多米诺骨牌组成的小盒子，如图 1 所示。

建模

如果零件足够简单的话，我会跳过建模，直接跳到草稿阶段。不过为了让你看到这个零件的可视化效果，我会为这个零件建模。建模有很多方式，既可以使用复杂的软件如 Autodesk Inventor，也可以是简单地画在餐巾纸的背面。我们要制作的盒子由内部分组成，下半部分（如图 2）通过在骨牌中心挖个槽而成，上半部分（图 3）有两个槽，两部分正好可以合起来。

图 2   图 3

草稿

在打草稿阶段，我通过方块和圆来创造基本的形状。这些形状将用于刀具路径制作阶段。在大部分的制作中，我都使用了一款叫做 CorelDraw 的 2D 计算机辅助设计程序。我在后面的例子中都会使用 CorelDraw，当然你也可以用其他的软件包。我用到的大部分概念在其他同类软件中也都有对应，比如你也可以使用 Adobe Illustrator。最重要的是，你选择的工具可以导出计算机辅助制造软件所能够理解的精确文件格式。

打草稿 – 步骤 A

这里我从添加那些表示原料的形状开始，如图 4 所示，这是一个 1x2 的多米诺骨牌的空白面，先用游标卡尺来获取骨牌的精确尺寸。绘图值和原料的实际尺寸越接近，刻出来的槽和洞的边就越精确，这对于零件上下两部分的对接尤为重要。

注意图 4 中，我将外形尺寸包含进来了，这只是为了演示。通常我不会将这些信息导出到计算机辅助制造软件中，这是因为外形尺寸信息会被解释成图形的一部分，这样会导致后边原料对齐时比较困难。

打草稿 – 步骤 B

接下来，我在板子上添加槽位。先给下半部骨牌绘制槽位。要做到这一点，我在板子上添加了一个 1.75 英寸 x0.75 英寸的（4.45cm×1.9cm）矩形（如图 5 所示），我还给每个角添加了

1/8 的倒角。要注意的是，内部切口不能比钻头的半径更小，如果太小，实际钻出来的就不是在草稿上设计的样子了。将一个对象的内对象和对象自身居中对齐是一个非常重要的功能，它可以简化你的工作。在使用草稿制作软件时，你得找找这个功能。

图 4

图 5

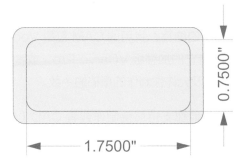

图 6

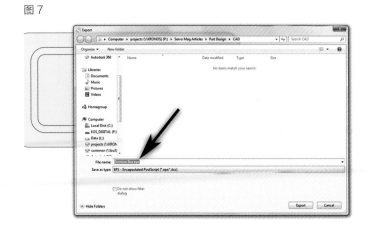

我们继续，我在一个矩形中添加了另一个矩形，并使它们中心重合。这一步可以手工做，也可以通过使用轮廓工具来完成，如图 6 所示。这个多出来的矩形是用来匹配上部骨牌的槽位的。请跟上我的想法，在后边的步骤中，你还会看到这种做法。轮廓工具是我在草稿阶段用的最多的工具了。在选择草稿制作工具时，中心重合功能是一个值得考虑的点。

打草稿 – 步骤 C

图 7

选择导出功能，将绘制的结果导出成计算机辅助制造工具可以识别的格式。这里我们导出成 EPS 格式的文件，如图 7 所示，名叫"dominobox.eps"。我发现在将 CorelDraw 转换成 Vectric CAM 可以识别的格式时，EPS 最好用。当然其结果跟你所使用的软件有关系。如果

你发现导出 / 导入结果很奇怪，那就换一种导出格式。打草稿阶段到此结束，当然，在制作过程中你还会修改草稿，再做导出等。所以可以称之为"回到制图板"阶段。

创建刀具路径

要创建数控车床可以执行的刀具路径，你需要使用 CAM 包。顺便一提，CAM 是"计算机辅助制造"的缩写。我用的 CAM 包是 Vectric 公司出品的，对于 2D 或者 2.5D，你可以使用 Cut2D 或者它的加强版 VCarve Pro，或者 Aspire，它们的界面都差不多。它们的区别在于功能的数量以及允许你制作的草稿的个数。

虽然它们都支持草稿制作或者 CAD（Computer Aided Design，计算机辅助设计），我自己更倾向使用独立版的 CorelDraw CAD。鉴于刀具路径是 Vcarve 的主要功能，而且它做得也很好。这篇文章中用的是 Vcarve 专业版，不过 Cut2D 跟它几乎一样，只是对尺寸有所限制。

刀具路径 - 步骤 A

在 VCarvo 专业版中加载了"Domino Box.pes"，然后你会看到如图 8 所示的"设置"界面，这表示这软件已经正确识别了你定义的原料尺寸。接下来，我添加了测量好的厚度：0.3085 英寸。

图 8

我取消了"使用原始偏移"的选项，然后选中了"任务中对数据中心化"选项。对于这个任务，XY 原始位置至关重要。我将 XY 设置为左下点，这是因为机器的设置如此。对于其他的任务，可能对原点的设置会不一样，这和你的机器对原点的位置有关。

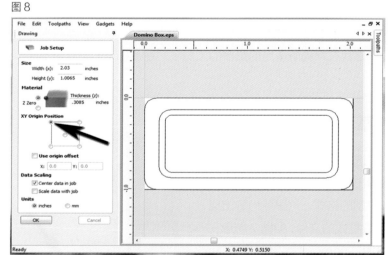

刀具路径 – 步骤 B

我决定先制作底座骨牌，先从它的槽开始。我选择了外中心框，然后如图 9 所示的点击"创建刀具路径"。

实际的刀具路径定义了铣刀的工作轨迹。参见图 10，我设置了深度为 0.15 英寸，这是槽的深度。选中要使用的工具（这个待会再说），根据槽的形状选择铣刀，选择切割方向，然后添加 0.25 英寸的渐进。这个渐进（可选的）在钻进时可以更省力。

工具选择

要选择工具，你的进入"工具选择"模式。选择合适的工具很重要。Vectric 软件自带了基础的工具库，其中包含了铣刀的公制和英制版本，V 型钻头和电钻。如果工具没有内置，你可以很容易地添加各种不同的尺寸和形状。我机器上有很多额外的扩展库，我甚至为它们创建了不同的颜色标记，这个软件使得拷贝和新建工具变得非常容易。

图 9

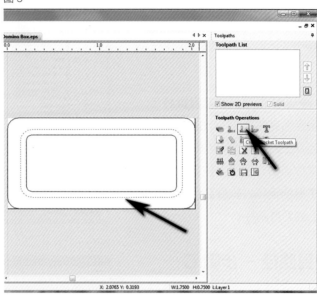

图 10

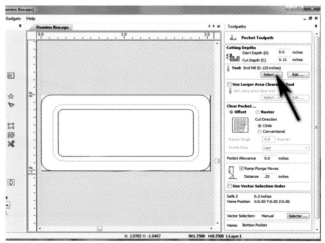

在这里，我选择了 1/8 英寸的铣刀。设置的主轴转速、进料、与工具和机器匹配的速率等。主轴转速是手工设定的，没有那么重要。有些机型如 KRMx02 和 KRMc01 会根据设置自动配置转速。

图 11 显示了我选择的进料速率为 15 英寸 / 分，这个和 KRmf70 的速度一样。一旦设定，下一次使用工具时，默认都会采用本次设置。也有一些选项使这些设置仅仅在本次会话生效。

一旦觉得刀具路径设置好了，我就会为其命名，并点击计算按钮。这会弹出如图 12 所示的预览界面。如果你点击"预览"按钮，你会看到工具的运行，软件会给你展示零件上的刀具路径。

刀具路径 – 步骤 C

刀具路径的最后一步是保存路径。图 13 中，我选中路径并点击保存按钮，并将其命名为"Bottom Pocket.txt"，当我要真正制作零件时，加载这个文件就行了。

保存刀具路径时还可以选择一些后处理器。由于数控车床用的语言是 G-code，而遗憾的是，每个机器对于 G-code 文件的解释都可能不兼容。我们这里用的是 MF70 数控车床，处理器选 Mach3 即可。

上半部骨牌

上半部骨牌和下半部骨牌的做法类似。

图 11

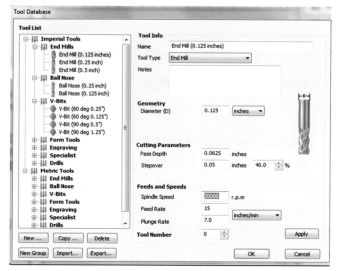

图 12

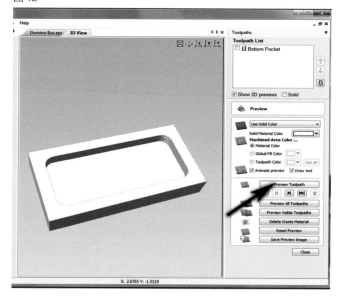

不同之处在于这里我选择的是内框的内槽。在上半部骨牌上我还创建了另一个槽，这个槽只有 0.05 英寸的深度。这样上下两个骨牌才可以扣起来。一旦刀具路径创建好了，我就把它保存为"Top Pockets.txt"（如图 14 所示）。

图 13

结论

我从一个创意开始，创建了 2D 的图形文件，然后创建了一系列的用于指导数控车床如何切割的工具路径。这个零件可能太过简单，不过这是我在很多不同项目中制作零件的基本的流程。而你的项目中可能包含了数百个基本零件。

图 14

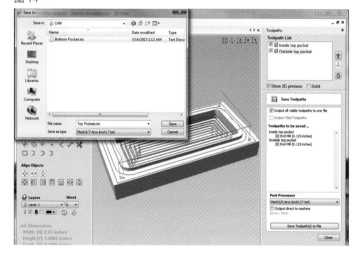

结语

如果你想要关于 KRMx02、KRmc01，以及 KRmf70 数控车床的书籍的更多信息，你可以在这里找到：www.kronosrobotics.com。

我还有个可以免费下载的抢先版的有关数控车床路由的书，你可以在这里下载：www.kronosrobotics.com/krmx01/index.shtml。

如果有任何的问题，你都可以在 MF70 的论坛上提问：http://forum.servomagazine.com/viewtopic.php?f=49&t=17107。

第二部分　创建部分

在这部分中，我将展示如何使用我们之前生成的 G-code 来制造多米诺骨牌零件，如图 1 所示。

在制作任何的零件之前，你需要正确的为将要制作的模板的 X 轴和 Y 轴建立参考坐标系。对于多米诺盒，你需要设置车床上虎钳的 X 轴和 Y 轴，你必须将虎钳的坐标设置正确。

加载 Mach 3 代码

我的所有数控车床都使用 Mach3 软件来进行控制，好在只需要合理的价格，业余爱好者也可以买到非常专业的高质量软件。

零件制作的第一步就是加载 Mach 3 代码（如图 2 所示），然后点击重置按钮。这会重置驱动电机，并将铣刀置于参考系中正确的位置。

图 1

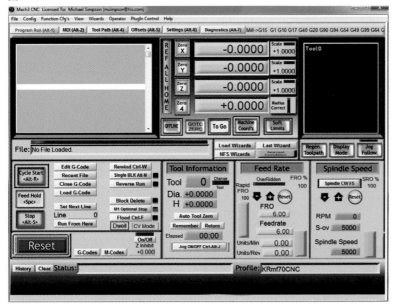

图 2

设置 Y 轴参考

启动 Mach3 的点动控制，如图 3 所示，点动控制的开关可以通过键盘上的 Tab 键来控制。你可以通过点动控制来移动数控车床，不过我们将使用键盘来做到这一点。我们用点动控制降低数控机床的最大移动速度的 5%。要做到这一点，需要如图 4 所示那样在"降低点动速率"中输入 5%。

图 3

图 4

这会降低机器的速度，然后就可以微调参考点了。

下一步是安装铣刀。我们使用 1/8 英寸的双排屑槽硬质合金铣刀，通过方向键，移动数控车床，使铣刀位于虎钳的中心位置（如图 5 所示）。

用上下键来控制铣刀的上下位置，使其位于虎钳上方。用方向键慢慢调整，直到铣刀刚好接触到虎钳（如图 6 所示）。

点击"将 Y 轴置零"重置 Y 轴，如图 7 所示。接着，将铣刀移动到虎钳上方。在 Mach3 的 MDI 页签，输入"G01 Y.0625"（如图 8 所示）并按回车，机器会沿 Y 轴移动到该位置。

图 5

图 6

图 7

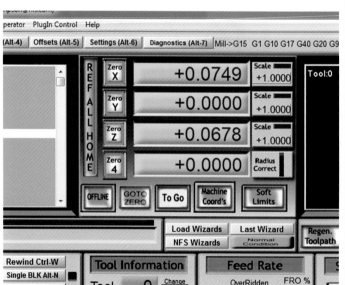

图 8

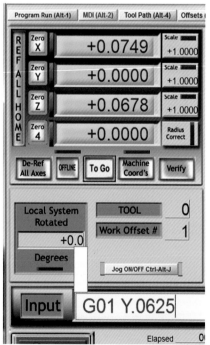

图 9

要完成整个流程，再一次将 Y 置为零（如图 9 所示）。

这样 Y 轴就算配置好了。

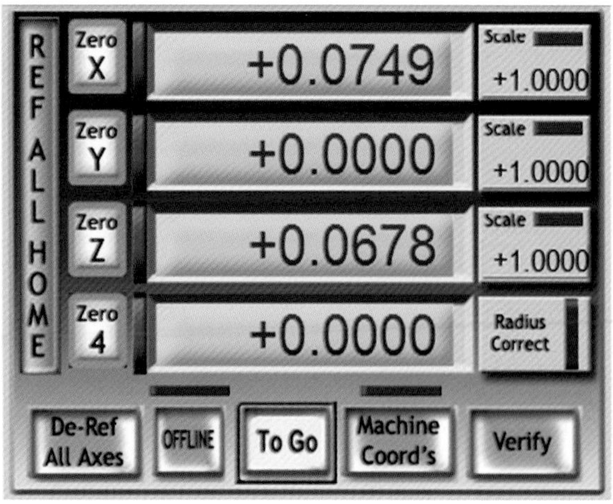

设置 X 轴参考

设置 X 轴参考的过程和 Y 轴很类似。从移动铣刀到虎钳的中心开始，接着通过方向键来控制位置，直到如图 10 所示，让铣刀刚好接触到虎钳的外边。点击"将 X 轴置零"的按钮（图 11），然后将铣刀抬起来清空边界，然后如图 12 所示在 MDI 页签中输入"G01 X.-0625"，按回车键，这时候机器应该将铣刀居中在虎钳的边缘。再一次置 X 于零位，这样 X 轴就设置好了。

图 10

图 11

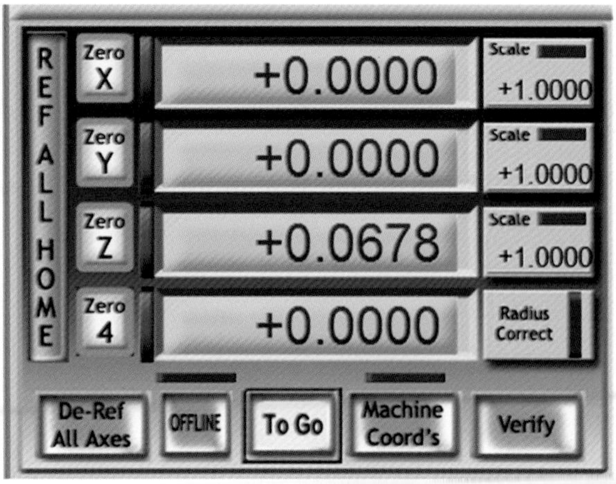

注意 X 轴是按照负数移动的，这是因为我们让机器在坐标系的左边移动。如果我们是从虎钳的另一边设置参考系，那么 X 就是正数了。

设置 Z 轴参考

要给 Z 轴清零，你需要在虎钳上安装一块多米诺骨牌（如图 13 所示）。确保它的上边与虎钳平齐。将铣刀移动到骨牌的中部（如图 14 所示），然后通过方向键慢慢地将铣刀刚好接触到骨牌为止（如图 15 所示）。

图 12

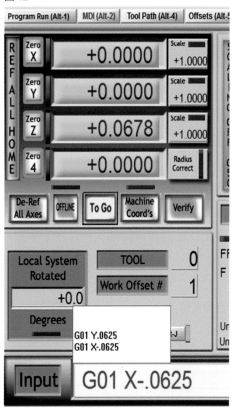

图 13

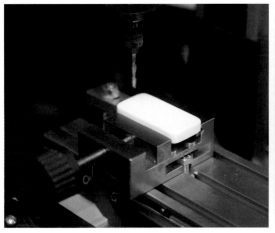

图 14

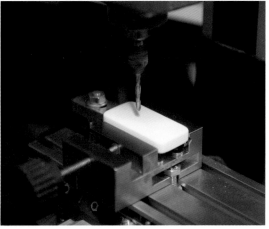

点击"将 Z 轴置零"按钮（图 16），Z 轴就被设置好了。

图 15

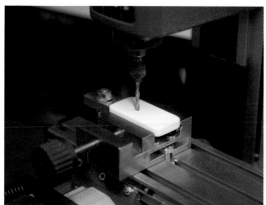

图 16

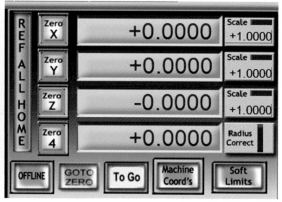

铣削多米诺骨牌下半部

之前，我演示了如何创建多米诺骨牌零件的上部和下部的 G-code。将骨牌的有花纹的一面朝下卡在虎钳上，加载下部零件对应的 G-code。一旦文件加载之后，你会发现 Mach3 界面上有两处不同。第一个是（如图 17 所示）将要执行的 G-code 命令的一个列表，第二个（如图 18 所示）是刀具路径的展现。

图 18

图 17

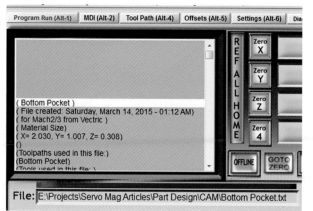

为了启动整个流程，我们需要做下面这些事情：

· 确保铣刀位于骨牌的上方，并且位于中心位置；

· 确保渲染的刀具路径的中心线和铣刀在骨牌的位置是重合的；

· 将 MF70 的速度设置为 18（如图 19 所示）；

· 打开主轴的电机（如图 19 所示）。

最后一步就是启动任务，只需要如图 20 所示点击"Cycle Start（启动循环）"按钮即可。需要注意的是有些机器会自动启动主轴，有些甚至会自动设置主轴的速度。一旦任务启动，铣刀就会如图 21 所示开始切割骨牌。在任务进行的过程中，你会看到 Mach 3 不断地将指令发往机器，当任务完成之后，铣刀会移开骨牌。

结束之后，关掉主轴电机。在有些机器上，主轴会自动停止。

图 19

图 20

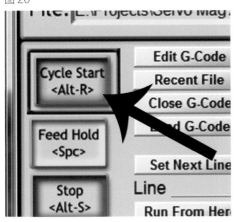

图 21

铣削多米诺上半部

制作多米诺骨牌的上半部和下半部的步骤一模一样。鉴于机器的参考系已经调整好了，你只

需要重新装一块多米诺骨牌，然后加载对应的 G-code，在重复相同的步骤即可。

结束之后，停止主轴，移除骨牌就好了。

结论

上下部分结合的如此紧密，如图 22 所示，我最后不得不用螺丝刀将它撬开。有鉴于此，我会回到草稿阶段，然后增大槽位的尺寸，这样合起来可以稍微松一些，这个操作可以直接在计算机辅助制造软件上完成。机器参考坐标系设置看起来有点麻烦，不过在实际中还是很快的。另外，一旦设置好了之后，你就可以加工很多其他零件而不用做任何调整。

图 22

Z 轴的调整可以通过给 CNC 添加深度探针来自动化。目前我在更新一本关于 KRmf70 数控车床的书籍，添加了主轴控制和深度探针的内容。

结语

我希望这篇文章让你对使用数控车床来做零件设计和制作有了更好的理解。不过你得记住，这个过程和完整的 3D 设计和铣削有所区别，3D 铣削是通过 V 型钻头（圆角钻头）和一系列的层叠来完成的。

构建更好的机器人：神奇的瓦特表

Russ Barrow　撰文　符鹏飞　译

瓦特表的价格这些年来已经急剧下降很多了，而且还被加入了应有尽有的功能，不仅仅只是被用来观察你的机器人的运行情况，还可以帮助你设计一个能够更有效地工作的机器，此外，它还能帮你消除很多今后可能会让你破费及头疼的麻烦。

什么是瓦特表？

瓦特表是一种用来测量随着时间而变化的系统消耗功率的仪器。它们通常包括一个带有显示屏的绝缘传感器，其两端分别是接电源和负载的线，该仪表放置在电源（或电池）与消耗电力的系统（或机器人）之间。

欧姆定律告诉我们，功率等于电压（势能）乘以电流（电子流），可以用 $P = I \times V$ 表示。因此，瓦特表可以提供负载随着时间所消耗的电流和电压的一览，其测量单位是瓦特。

因而，在最低程度上，瓦特表可以提供对电压和电流的实时测量。而且，大部分瓦特表也提供了其他功能，包括额定峰值捕获、安培（amps）或瓦特每小时，甚至还有记录日志的功能。图1是一个简单的高电流瓦特表的一个例子。

图 1　一个简单的高功率瓦特表（功率计）

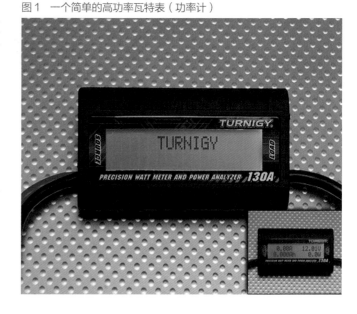

基线和检验

一些新的网上爱好者商店和网络销售产品已经彻底改变了机器人的制作。完美的马达和电池只需一个点击就可获得，至于价格，基本上到处都能讨价还价，质量嘛，总还是有改进

FOR THE ROBOT INNOVATOR

的余地。一个产品能否像宣传的那样开始工作往往取决于对它的第一次测试。

遗憾的是，我们中有太多的人确认成功运行的方式是，通过听它发出的声音、看它能有多热、或者有没有烟雾从它的身上冒出来。

对于任何新的产品，你应该做的第一件事就是将它连接到一个瓦特表上，来看看该产品所列出的参数和对你手中的这个东西的实际测量是否符合。在你开始组装或者改装产品之前，你都应该将这个准则作为一个基线或者是初始化执行规范。

任何电池（电源）或马达和电子调速器（负载）一般都应该符合供应商的规格参数。如果你的电池的电压太低，或者马达消耗的电流太大，那么它们很可能有质量问题，你不应该再继续使用这个产品工作。

除了最初的测试，你还可以在制作过程中继续评估系统的性能，这在安装马达或支撑传动轴时特别有用。如果电流或功率远超预期，可能表示存在约束或者有较大的轴承阻力，或者是没有水平或垂直安装等。

你所看到的过大的电流消耗也许是来自于安装螺栓，可能是它接触到了马达的定子接线，也可能是它对转子的旋转造成了干涉。你也可以去看看线路损失和机械阻力的直接影响。

马达优化和齿轮减速

有刷或无刷的永磁式马达都具有线性运行特性，它们大部分都提供了以运行时的电压、电流（单位是安培）、转矩以及效率为纵坐标的功能图，其中每一项都是以转速每分（RPM）或者说是速度为横坐标来进行测量的，如图 2 所示。

图 2 典型的永磁式直流（PMDC）马达的性能图

典型的永磁式直流马达的性能

不要迷失在马达曲线的细节上，关键是要理解其中的关系。首先，马达都有一个基于某个电压的与电流（单位安培）相一致的空载速度，通常是它的 KV 值（RPM 等于 KV 值乘以电压）的一个倍数。

当加上负载之后，马达需要更多的转矩，因此它的速度下降，电流逐步上升，负载、转矩、速度、电流之间都是呈线性关系。因此，即使你没有马达的性能图，你也会有厂家给出的给定电压的空载和失速电流，这样你就可以在这两点之间（转换成对应的 PRM）画出其直线来。

要注意的另外一点是：马达的峰值效率通常是在 75% ～ 90% 的 RPM 范围之间，在这个区间上，马达可以在不产生过多热量的情况下产生最佳的输出功率，同时还减少了运行时间（占空比）。

举一个例子，如果你在使用瓦特表时，注意到在给定电压下有一个稳定而正常的马达运行电流，这个电流介于空载电流和失速电流的正中间。那么，你就可以知道此时马达正运行在 50% 的 RPM 上，这个点也是最大效率区之外的一个很好的工作点。

如果你添加了额外的减速驱动，比如一个减速比更高的变速箱或一个更大输出的滑轮，你可以将马达对转矩和电流的需求降低，并提高马达的转速，这也表示你需要一个有着更高转矩和 / 或更高 RPM 的马达。所以，瓦特表可以帮助你发现对于每个给定的功率需求下的最佳输出转速。找到最佳输出转速的优点在于，可以提高电池的续航时间，让马达和电池的寿命更长，并且及降低灾难性故障的发生几率。

电池选择

除非你的机器人屁股后面拖着一根电源线，否则你从电池中获取的功率总是有限的。所有的电池都有 3 个我们需要了解的主要参数。其一是电压，它等于给定电池类型的电势能乘以该种电池的数目[1]。从电池的寿命角度出发，我们需要将工作电压保持在电池的最大电压和最小电压之间。

举例来说，锂聚合物电池（Lithium Polymer cell，LiPo）的最大电压为直流 4.2 V，最小电压为直流 3 V，而它的典型电压是直流 3.7 V。让电池运行在低于或高于这些电压或有运行在这种情况下的潜在可能的话，这些电池可能会膨胀，或者爆炸（最坏情况）或者是容量减小（最好的情况）。

需要理解的第二个参数是电池的容量，以安培小时（Ah）为单位给出。如果电池的额定容量是一安培小时，它可以以一安培的电流供电整整一个小时。

第三个参数是电池的内阻，通常被称为电池的"C"率[2]。C 率是对电池或电芯的容量的简写。如果 1 AH 的电池具有 30C 率，则说明它的内阻足够低，可以以最大 30 安培（1 Ah x 30）放电，直至其电压低于最小电压，电池耗尽。

---

[1]　如果电池是串联的话。如果并联，电压不变，可以输出的电流加大。

[2]　一般称为电池的放电倍率。

过高的电流可能会像超出最小和最大范围之外的电压一样对电池造成损坏，图 3 是一块普通的电池，带有这些参数的明确标示。

图 3　一块电池及其上标示的参数

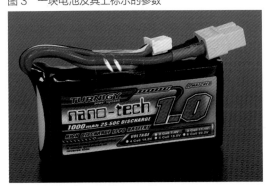

如果你使用瓦特表观察到机器人平均耗电电流为 30 安培，而且这个机器人必须要运行 3 分钟的话，你就不能使用一块 1 AH 30C 的电池为其供电了，因为你将会把它的容量耗尽。通过单位换算，一块 1 Ah 的电池可以提供 60 安培分钟（1 小时 =60 分钟）的电量，但是你应明白，你任何时候都不可能提供超过 30 安培的电流[1]。

因此，以 30 安培的电流运行一块 1 Ah（或 60 安培分钟）的电池仅仅只能让电池运行两分钟。最有可能的是，你不能以接近于 C 率的平均电流运行马达，因为马达通常都有一个更高的启动电流（峰值电流），虽然为时很短，但你必须要让电池的 C 率高于它。

通过这种方法，瓦特表可以提供起动电流和运行电流，你可以使用这两个值来确定所需要的电池的容量和 C 率。

电压降、掉电以及最坏情况下的测试

迄今为止，许多测试一直侧重于运行电流和峰值电流，但要记住电压和电流结合在一起才是功率。由于电池是一个确定的有限功率源，因此大的电流尖峰将会产生大的电压降。在电池和马达之间存在着控制器、驱动器以及其他电子设备，大部分这些电子设备都有一个最小的工作电压。

如果电压突发性的低于这些值，这些微控制器、功率调节器或者其他电子元器件将进入未知的工作状态或不可预测区域，也可能会停止运行，这种现象通常被称之为掉电。

断开并重新连接电源可以解决这个问题。但如果你正在比赛中，突然有一个机器人无法控制，或者它正在空中飞行的话，糟糕的事情就会发生。因此，在所有的测试条件中关注你的电池或电源电压，并确保你的电压有一个安全边界，这很重要。

最后，在花了这么多的时间来设计和制作我们的机器人之后，这是应该开始准备在超越平均水平条件下的测试了。当你已经投入进去了这么多的时间，也许很难再进一步在这方面浪费时间。不过，在你还能轻松地进行修正或替换的时候能够发现问题，总是要比后来发现问题好。在这些测试期间，使用你的瓦特表找到性能受限之处，并且当你需要它的时候，你应该知道能够期待什么。

[1]　因为这块电池是的 C 值是 30C。

机器人 DIY

小型机器人大师访谈——彼得·沃勒

Brandon Davis 撰文 符鹏飞 译

我进行机器人格斗的地方有四个重量级别：30 磅、12 磅、3 磅和 1 磅，我特别喜欢 1 磅。这个重量对我的隔壁邻居来说是 16 盎司，但对于彼得·沃勒那就是 453.59 克了。同时对于他来说，超过了 300 克意味着超重，否则就应该是两个完整的机器人。

彼得是格斗机器人中树栽盆景（Bonsai Tree）分支的大师。英国有着流行的、很多人关注的机器人格斗，其重量远远低于一磅。

这些格斗的竞技场和美国的厢式竞技场略有不同：它们的最小尺寸是 76 厘米 x76 厘米，竞技场的边缘至少要有一半是没有墙的，可以让机器人被直接拖到竞技场四周的沟中（判负）。有一个聚碳酸酯（PC 塑料）盒子将所有这些都罩入其中，以容纳更具破坏力的参赛者。和美国相比，这个缩小相当明显，相当于把我的 182 厘米 x182 厘米的小房间缩小为一个配电箱，这个配电箱的一边有一个 40.6 厘米 x40.6 厘米的突起的盒子。

上面所有这些都是我的开场白，下面我将要将闪到旁边，让一位大师来讲讲他的故事。有请彼得·沃勒。

我今年 68 岁，是一个退休的电子工程师，对所有工程类的东西都很热爱。我已经结婚 47 年了，对方是一位非常善解人意的妻子，她虽然对机器人技术没有兴趣，但对于我将钱和时间花在它们身上却非常乐意。

当我年纪越大，工作越来越失去了它自身的许多乐趣，因此我在我 59 岁生日那天办理了提前退休手续，并且永不回头。

当我在电视上看到 Robot Wars 时，我第一次进入到机器人世界之中。之后我花费了两年中的最好时间来制作一个重量级的机器人，之所以花了很长的时间，是因为我试图从头开始制作一切 —— 从 150 A 的速度控制器到机器人的履带。

它装备了一个气动的长钉，并使用了几根蹦极绳索作为附加部分。但从它完成之日起它就过时了，我觉得它拥有的可以刺穿 1 毫米钢板的能力很不错，但相比于当时的需要对抗 3 毫米的钢

板或 5 毫米的铝板的标准来说，这个能力显得毫无用处。

不用说，它没能在 Robot Wars 中过关斩将就被放置在车库里了。我是在这年的冬天在互联网上看到了蚁级机器人的，因为车库很冷，而蚁级的机器人我在室内就能做，所以我决定去制作一个。

表　三种级别的机器人

蚁级机器人	150 克	适合放入一个边长 10 厘米的立方体中
跳蚤级机器人	75 克	适合放入一个边长 7.6 厘米立方体中
纳米级机器人	25 克	适合放入一个 50 毫米立方体中

我曾经参加的第一场比赛是 2000 年在吉尔福德大学举办的 Antweight World Series 3（蚁级世界系列赛 3），总共有 15 个蚁级机器人参赛，我很幸运地和我的 spinner（旋转类机器人）赢得了胜利。你可以将它与上个月发生的比赛进行比较，在蚁级世界系列赛 46（AWS 46，我们每年举办三届 AWS 比赛）上，参赛的蚁级机器人达到了 101 个，你可以看到这种类型的机器人越来越受欢迎。

赢得了我的第一场赛事之后，我从此彻底迷上了小型机器人，并制作了许多。虽然我有几年取得了最终的胜利，比如在 AWS 27 的第一项和第二项上。但我现在发现，我的反应能力已经跟不上那些年轻的机器人制作者了，从那以后我就没再赢过。

[BD：我觉得彼得在镜头前有点儿谦虚哈。他可能从 2008 年 11 月的 AWS 27 之后再没有横扫过系列赛，但是在 2010 年的 AWS 37 上，他获得了五座 AWS 奖杯。]

彼得：我不倾向于让我的设计方式过于形式化，实际上，有时候还要有点儿偶然性。

多年来，我一直使用一款名为 Design Cad 的软件来制作二维图形，还用另一款名为 Contour Cam 的软件来为我所拥有的一台小型 CNC 铣床生成文件。虽然这台铣床可以对铝材进行铣削加工，但我现在更倾向于用它对玻璃纤维、碳纤维、PC 塑料、以及 Delron（又称为 Delrin-acetal polyoxymethylene resin，聚甲醛－乙缩醛聚甲醛树脂）这样的材料进行加工。

最近，我又进入了 3D 打印零件的行列。起初，我从位于荷兰的 Shapeways 公司直接获取打印的成品，但是最近两年来，我用的都是自己的打印机了。我主要使用的是 ABS 公司的一台 UP Plus 3D 打印机，不过最近我又买了一个 Pruca i3 套件，这样我就可以使用更多高级材料进行实验了。

目前几乎我所有的格斗机器人都是 3D 打印出来的，并有几个零件配有 PC 塑料或钛装甲。

我使用 Google SketchUp 的免费版本生成 3D CAD 图档，看上去这个软件对此类任务胜任有余。

打印自己的零件的主要好处是你可以在设计阶段就试打印零件，而无需等所有设计细节完成后才一次性试验。此外，在家里使用打印机打印只需要花几小时，而与之相比，发到外面的代理商那里可能需要两周才能回来。一旦你花了打印机的钱，就会非常快捷而且便宜很多。

英国的蚁级机器人大概只有美国机器人的三分之一重，我们有大小限制。此外，现在获取尺寸和重量范围内的机器人变得更容易了，随着锂聚合物电池和更小、更轻的控制器、接收机、伺服马达的使用，我们引入了更小的级别来保持比赛的挑战性。

在我们的竞技场中的所有这些重量级别中，影响机器人竞争力的最重要的因素有：良好的抓地能力、一个可以进入到对手下方的非常好的铲子、自我复位或翻身能力以及抵御来自 spinners 型机器人攻击的能力。

为了提高抓地能力，我从宾利先进材料公司购买了一种非常软的硅橡胶材料（www.benam.co.uk/products/silicone），并开始用这种材料自己成型轮胎。我一开始使用的是名为 Dragonskin 的材料，它的硬度为 10 A，我很快就转换到另一种名为 Ecoflex 的更软的材料中，它的硬度只有 00-30（10 A 大概是 00-55）。我首先 3D 打印一个轮子和一个单独的能将轮子容纳进去的模具，然后倒入橡胶，并在橡胶凝结后移除模具。其结果是，几乎让我的机器人对抗推力的能力翻倍。

[BD: 他制作了一个灵敏的小弹簧秤实验台，并拍了视频来证明它的小小格斗家的推力；在 www.antweightwars.co.uk/TyreTraction.pdf 有他在 2012 年使用实验台做的实验结果，该实验做于他使用宾利·古尔的材料推出自己的车轮之前。]

这里是彼得的机器人驻地：

· 当前的蚁级（Ants），如图 1 所示。有 8 个蚁级机器人：两个水平 spinner（旋转式机器人）、一个全身环式 spinner、两个 flipper（弹射式机器人）、一个 grabber/lifter（升举式机器人）以及两个 pushers（冲撞式机器人）—— 其中的一个会被另一个 20 克的 pusher 追踪并靠拢。

图 1　当前的蚁级机器人编队

· 当前的跳蚤级 (Fleas)，如图 2 所示。有四个跳蚤级机器人：一个水平 spinner、一个带有水平 spinner 的 walker（步行式机器人）、一个 flipper 以及一个 pusher。

· 当前的纳米级（Nanos），如图 3 所示。有五个纳米级机器人：一个水平 spinner、一个 flipper、一个 walkerpusher 以及两个轮式 pusher。

图 2 当前的跳蚤级机器人

图 3 当前的纳米级机器人

[BD：请允许我在这里插入几小点。首先，这个人有一个 150 克的 multibot（组合式机器人）。其次，他的跳蚤级的 shuffler（洗牌者机器人），Shuffleaction，距离级别上限还有 113 克，因此还有重量冗余，他将这些额外的重量用在了一个水平的 spinner 上面，并将这个 spinner 加到跳蚤级的 shuffler 上面，两者加在一起都没有超过 150 克！他在 3D 打印的腿上使用了塑形足部，从而让一个六足 shuffler 具有了更好的摩擦力，如图 4 所示！膜拜吧，你们这些小型机器人的粉丝，你正在参观的是一个强大的存在，你必须看看在文章结尾所列出的他的网站，彼得·沃勒的比赛都非常激烈，如图 5 所示。]

图 4 Shuffler 的脚部

图 5 彼得·沃勒的比赛非常激烈

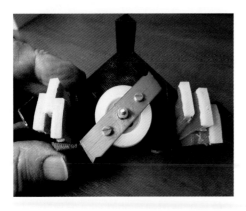

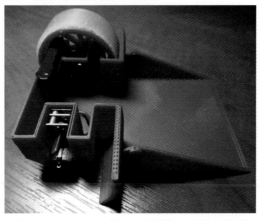

彼得：除了无线电控制格斗机器人，我也涉足了一些自主机器人。即，一个电脑鼠迷宫追踪者（micromouse wall follower）和三个迷你相扑机器人（Sumo），所有这些都取得了一定程度的成功。

大约五年前，我开发了一系列的小型机器人控制器，它们作为商业应用会显得体积过大而且也比较重。在为一位朋友做好了最后一个控制器之后，我结束了这一工作。在我可以让这些控制板退役之前，我总共给其他人做的控制板数目大概刚刚超过了 100 个，而来自雷丁顿大学的其他机器人制作者开始制作更小及更便宜的控制板了。

我所制作的最有趣的机器人大概是带有提高抓地能力的吸附器的蚁级机器人了，这个想法不是我想出来的，而是来自于一个瑞典的伙计。我们实际上一直在和竞技场的 PC 塑料盖的下表面做斗争：这种类型的机器人的主要问题是，它们的吸附能力需要依靠一个真正足够光滑的竞技场表面，而即使表面开始时足够光滑，经过几次 spinner 的暴力破坏，吸力也会完全丧失。现在有一两个人使用导管风扇来产生向下的吸力，并取得了更大的成功，不过这样需要消耗更多的电力。

我最糟糕的灾难是试图制作一个带有吸附器的全身型 spinner，如图 6 所示。

我曾多次尝试构建全身型 spinner，但是旋转器的重量占据了机器人全部重量的比例太高，使得它们在高转速下似乎变得很不稳定并有浮空的趋势。我决定增加吸附器来让它留在地面上，但是在测试时，当它从竞技场一个损坏的部分碾过的时候吸附器掉了下来，然后它就跳到空中爆炸了（www.youtube.com/watch?v=Pj_NIeCYeq8）。

[BD：这是彼得的蚁级战争（Antweightwars）YouTube 频道上发布的 100 多个视频中的一个。Suckspin 开始嗡嗡的转动，真空泵将150 克重的机器人吸附在竞技场的地板上，突然武器马达发出尖利的声音 —— 旋转的钢片撞击到了刀片上。回放中可以看到，安装在顶部的刀片旋转并开始移动之前，所有一切还都非常非常稳定，经过一个转身，运动完全没有摆动，之后是一个快速前进，然后它的手榴弹模式开启了，零件四处飞散。]

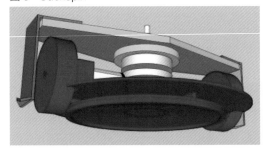

图 6　Suckspin

彼得解释说：

我的机器人设计理念是：制作的机器人必须要有竞争力、容易控制、新颖、高颜值，而且经过了精心设计。

我最好的机器人是 Anticyclone，如图 7 所示，它并不总是能赢得最后的胜利，但是我还是很喜欢这个 spinner 机器人。通过将旋转器（spinner）放在驱动轴的正中心，机器人绕着旋转器的转轴旋转，这样就不会受到陀螺效应相关问题的影响。

它的身体四周附加包裹的 PC 塑料薄层使得其更有弹性，2 毫米的钛刀片可以对垂直型的 spinner 造成实际伤害。

也许我最想去制作的机器人是电脑鼠迷宫解谜机器人，但是我不知道我的编程技能是否能达到这一点，所以我不断寻找理由拖延。

自从长大之后，我最喜欢也是玩的最多的玩具是 Meccano 套装 [1]。

图 7　Anticyclone 机器人

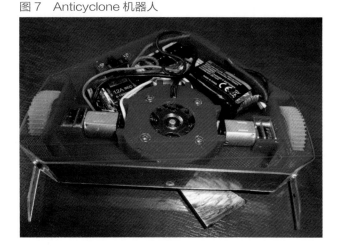

参考资料

彼得的网站

http://antweightwars.co.uk

Robot Wars 论坛上彼得的话题主页 [真是引人入胜]:

Antweight http://robotwars101.org/forum/viewtopic.php?f=1&t=1933

Fleaweight http://robotwars101.org/forum/viewtopic.php?f=7&t=2268

Nanoweight http://robotwars101.org/forum/viewtopic.php?f=24&t=2210

彼得的 YouTube 频道

www.youtube.com/channel/UCeJQVzAOehGjc0w5GS5d2CQ

---

[1]　Meccano 是一种流行的钢件结构玩具的商标。

构建报告：老铁翻新

Matt Spurk 撰文　符鹏飞 译

　　我制作的第一个机器人需要回溯到 2001 年，它是一个名叫 3-letter-word 的蚁级机器人（重 0.45 千克）。当我完成这个蚁级机器人之后，我决定开始一个简单的项目，构建我的一个名为 4-letter-word 的重量级（100 千克）机器人。它是从一个坚固的钢盒开始其生命历程的，我们觉得它就像是一个坚不可摧的脱粒机。它很酷，但脱粒机在其第一场比赛中就被迅速地击败。

　　作为一个简单的爱出风头的机器人，它继续转战下一场比赛，这场比赛既不算酷也谈不上成功。到了第三场比赛，我们在其末端钢块上加了一个铝盘，比赛结果是既酷而且也还算成功。

　　在第四场比赛中，我把铝盘的绑带忘在了家中，在我们获得一个新皮带之前，它的武器就在第一场战斗中被毁了。没有了铝盘，我们又回到了那个爱出风头的"盒子"状态，它既不酷也不成功。

　　这是一个很好的过程，我学的了很多有关机器人的东西，并用这些学到的知识陆续制作了几十个昆虫级别的机器人，但是我让我的重量级选手退休了，它在此后的 8 ~ 10 年中一直在沉睡。

　　当南佛罗里达大学（USF）的伙计们宣布在坦帕举行东南机器人格斗锦标赛（Southeast Combot Championships）时，我知道时机已到，我应该从工作台下面拉出这位老机器人，并将其重新组装。要完成的第一个任务是损坏评估。

　　我检查了机械部分，它看上去饱受苦难，轮椅马达已经被拆掉现在被放在一个盒子里，4 个轮胎中的两个被切掉了，电池的密封铅酸（SLA，sealed-lead acid）电解液灵魂早已神游天外，不知去向。

　　我决定让机器人的主体保持原貌，但是要根据技术发展对一些地方更新，并对设计做一些更改以使之更健壮。

　　第一个主要的修改是从四轮驱动（4WD，four wheel drive）改为两轮驱动（2WD，two-wheel drive）。这似乎不符合直觉，虽然因为四轮驱动可以在碰撞时给机器人提供更多的牵引力，但是这些更多的牵引力对转向有负面的影响，而能够面对着对手是非常重要的。

　　下一个主要的变化是从 24 伏的 SLA 电池改为价值相当的 30+ 伏锂聚合物（LiPo，lithium

polymer）电池。电池的升级可以提高速度，并且和之前的电池相比，节省了18千克的重量。

最后一个升级计划是增加一个启动锤子。由于到比赛举行只剩下五周的时间了，许多维修工作都等着去做，锤子的计划最终被取消了。这真令人脸红，因为这完全就是个机械活，它们仅仅只需要装正就好了，但是我就是没有时间来完成。

机器人中有些系统我保留了10年前的样子，有些我一看到就知道它们应该继续保留下去。轮椅马达可以看到饱受过折磨，但它们提供了很好的转矩而且价格也合适。

轮椅马达是由一个RSGSS速度调节器来控制的，它那陈旧的外观让人感觉就像回到了2003年。

我真的不知道它为什么不再继续销售了。这是一个不错的小尺寸速度调节器，外面有一个铝壳可以阻止碎屑进入到内部的敏感电子设备中。我真的很喜欢这个产品，并将它放回到机器人中。

整体框架将被保留，但要做些修改。此外，有一件已经完成但我觉得值得一提的事情是这个机器人里面的柔性耦合器，这是一个聪明的省钱的做法，由我的父亲在2002年完成，它来自于一辆汽车的橡胶转向耦合器（也称抹布耦合器，rag coupler）。

图1　由轴环、两个大垫圈以及两个螺栓制成的轮轴

轮轴是由轴环、两个大垫圈组成，两个螺栓被焊接在合适的地方，然后再将它们切短（参见图1）。

重建

重建进度起初启动缓慢，但一旦我完成驱动安装后就飞速推进。

把旧的轴承从它们的安置之处取出，它们之中有些仍然处于良好的状态，有些略有伤痕，而剩下的都无法转动了。我回收出了足够两轮驱动版本所需要的轴承，并将它们重新安装到位，我也把内部的轴承从便宜的法兰轴承升级为一个更大的滚珠轴承，这些轴承都工作将非常出色。

为了给汽锤腾出空间，我将轮椅马达的转轴切短了大约3.8厘米，我同样把轮轴切断了大约1.27厘米。因此，我可以将每个马达向外移动5厘米左右，这给了我足够的空间把气缸放在驱动马达中间。

在沿着机器人前进方向的某处地形以及各种让机器人往回走的努力的共同作用下，齿轮箱盖子搞丢了。这不是一个很大的问题，但是按照齿轮在齿轮箱中的安装方式，如果想保持住齿轮之间的润滑油的话，这个盖子还是需要的。

我用 PC 塑料制作了一个新盖子，我喜欢这个新盖子，因为你可以看见齿轮箱的内部并能观察齿轮箱旋转，看上去很酷。也许 PC 塑料对于齿轮箱盖来说不是最适合的材料，但是我喜欢它。而且，如果（当）塑料坏了的话，棕红色的油脂就会泄露出来，看上去就像机器人在流血 —— 这真是太酷了。

比赛

坦帕的比赛有 4 位有号召力的重量级选手：粗暴（Gruff）、大奶酪（The Big Cheese）、熊牙（BearTooth），还有我的机器人，我称它为老铁（Old Iron）。当我们抵达赛场的时候，

我们几乎一切都准备就绪，因此我们很快就通过了安全检查，并帮助完成了最后的竞技场安装。

图 2　老铁对大奶酪

这一天我们有一场非常早的战斗，我们的对手是大奶酪，这是一个两轮驱动、有着巨大的 14 英寸充气轮胎、并采用轮椅马达驱动的机器人，如图 2 所示。战斗开始对老铁相当有利，我们能够钻到大奶酪的下面，我们也能得几次分，但由于没有汽锤，我不得不满足于仅仅将大奶酪控制在那里。战斗翻来覆去持续了几分钟，然后灾难发生了。

老铁前端的楔形尖铲刺入了木头的踢脚板中，规则规定允许有一次脱离战斗。重启之后，我注意到有一侧的驱动器已经开始出现了问题。当我试图让老铁转圈面对大奶酪时，老铁步伐缓慢的沿着右方溜到了竞技场对面，并再次刺入了墙面。首次战斗以大奶酪 的 TKO（技术性击倒）而获胜。

当我把机器人送回到维修站时，我注意到它的一个马达非常热，而另一个马达完全是凉的。

巧合的是，凉的马达就是在比赛中没有起什么作用的那一个。我稍微想了一下，然后经过进一步检查，发现动力传动系统有好几个地方都松开了，并且轮子滑倒在了转轴上。

我们重新紧固所有硬件的动力传动系统，给电池充电，并做好下一场比赛的准备。我们还用角磨机将前方楔形齿打磨了一下，让它们不再那么锋利，这看上去能够让老铁在剩下的比赛中如果再撞上墙的时候可以发挥作用。

接下来的比赛对阵的是熊牙，它有一个垂直spinning（旋转盘），如图3所示。这是一个全新的团队和全新的机器人，来自于一个大学的毕业班项目。两个机器人的比赛以一个长距离奔袭开始，然后狠狠地在竞技场中央相撞。

图3 老铁对熊牙

老铁立刻向反方向驱动并开始后退，我得到了一个不错的冲撞并得了几分。

熊牙获得了两次不错的击打，但是它似乎并不能造成什么显著的伤害。随着战斗的推移，对老铁的操控变得越来越糟，我只有一个驱动器可以真正运作良好。当比赛进行到大约一半的时候，老铁突然停止了移动。战斗以熊牙 KO（击倒对手）赢得比赛而结束。

查克·巴特勒（一位竞技者的同伴）比赛后向我走过来，他提到在比赛中看见了老铁的一个驱动马达上有一些火花闪烁。我们将马达背面的盖子去掉，发现连接电刷的一根电线松掉了，我们再次拧紧了连接线的螺丝，并推测被 KO 的原因是因为调速器出问题了，而这是由于电流过大或者温度过高造成的。

我们把老铁放回盒子中并准备和粗暴的战斗，但它仍然一动不动。我们将老铁拖回维修点，发现调速器有点不对劲。我们开始检查元器件，发现有两到三个大电容有不良焊点，我们还发现电压调节器也有一个坏焊点。我们修复了这些焊点并重新测试老铁。这一次，它工作起来迅猛无比。

我们将老铁重新放回到竞技场中准备和粗暴进行比赛。粗暴是一个低楔形的机器人，具有强大的升降臂，它的速度也比老铁快得多，如图4所示。比赛以粗暴快速移动通过竞技场，并一头撞上老铁而开始。粗暴进入到老铁的下方并迅速将老铁扔了个底朝天，并倚着墙上下不得。粗暴可以把我们留在那里并在 3 秒后赢得比赛，但它决定帮助我们翻转过来。

经过反转之后，老铁下面的底板（呃，就是胶合盖板）掉了下来，接收器和接收器电池也脱落了。比赛在进行到大约 12 秒后以粗暴的 Tap-Out（对手拍打认输）/ KO（击倒对手）赢得比赛而结束。

机器人 DIY

我们把老铁带回维修站充电，并准备 Rumble 挑战赛[①]。我们将底部平板拧的更紧，当所有的重量级比赛结束之后，我们将老铁带回了竞技场。这一次我们组成了一个标记为 Rumble 的队，由大奶酪和老铁一起挑战重量级冠军：粗暴。

图 4　老铁对粗暴

粗暴上演了一场教学比赛，它把老铁和大奶酪都扔出了竞技场。不论是被掀翻还是飞到了空中，老铁都坚持完成了绝大多数的比赛，但是真正的关键是直到最后还能够驱动，如图 5 到图 9 所示。因此，尽管粗暴踢了每个人的屁股赢得了胜利，但我仍然要宣告我们的胜利。

图 5　Rumble 挑战赛 1

---

① 　Rumble 应该是模仿摔跤比赛 Royal Rumble 中的强弱不等赛（Handicap match），由弱者组队挑战强者。

图 6　Rumble 挑战赛 2

图 7　Rumble 挑战赛 3

图 8　Rumble 挑战赛 4

图 9　Rumble 挑战赛 5

经验、教训和失败

那么，有什么好的经验？我们的框架非常强壮，我们承受的仅仅是表面伤害，如果有必要，我们今天就能让机器人重新站回到竞技场中。我们追赶上了老朋友，并做出了一些新的东西，这始终是很棒的。在每一年的类似时间都很有可能举办一场新的重量级赛事（我们还有机会）。

有什么教训呢？传动系统是一个薄弱点，我们无法让机器人始终运行。我还没有考虑将传动部分拆开来看看当前状态是什么样子，但是肯定需要做一些工作。这个机器人的速度也太慢了，我们是该领域速度最慢的机器人，而它的表现也不虚此名。老的轮椅马达在对抗今天的现代机器人时只能勉强支撑而已。

哪些地方很失败？锤子的缺少真的非常糟糕，速度慢没有关系，不太可靠也没有关系，但是如果是单调乏味的就有问题了，而老铁就是单调乏味的。我认为添加了锤子然后再做一点点工作让驱动更加可靠，它就有可能是一个有趣的机器人并获得人们的喜爱。以它现在的样子，只是一个平淡乏味的机器人而已。

这是不可接受的，也将是我们准备下一次比赛时要做的第一件事情。嗯，至于那个掉下来的漆皮，至少我可以刷掉一些锈迹了，毕竟，它是个老旧的东西。

机器人内部的战斗力强化

Michael Jeffries 撰文　符鹏飞 译

随着机器人格斗运动的发展，往往你考虑的第一件事情就是大的部件 —— 通常情况下，是盔甲、武器以及驱动系统。在构建一个机器人的时候获得合适的此类部件当然是一个好的开始，不过，小的细节也可以决定最终的胜负。

通常情况下，你会看到一个机器人被淘汰，却没有外部可见的原因。一些失败在内部，虽然这些失败并不总是可以预防，但有很多这样的损失可以通过"战斗强化"来避免。

包裹住外露的接收器插头

许多常用的 2.4 GHz 的接收机，使用接插件来创建到发射机的连接，这种插头连接信号线和电源地线到电池及接收机的绑定端口上。

对于暴露引脚的接收机，很有可能在战斗中会有些导线碰到了机器人内部的导电材料，并强制让接收机进入绑定模式，如图 1 所示。

图 1　暴露的插座构成战斗风险并可能造成功能完好的机器人在比赛中无法动弹

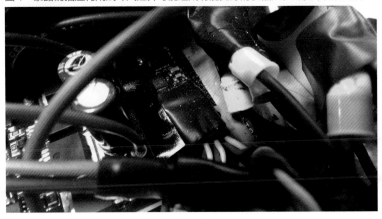

当接收机进入了绑定模式，你的机器人将因为接收机停止对发射机做出响应而不再移动，接收机直到电源关闭或重新绑定后才能继续工作，否则除了停在那里之外不能做任何事情。

图2　这是避免在比赛中出现意外的短路的第一步

如果给机器人重新上电，它将会重新正常工作。或者，如果你能足够快地意识到发生了什么事情的话，你可以在被读秒判负之前重新绑定 —— 不过这不太可能。

一个快速的包裹方式是使用电工胶布包在外露插脚上，通常足以完全防止这个问题，如图2所示。

包住你的连接器

虽然你可能感觉在你的机器人内部的连接很好很安全，但它往往并不足以应付在比赛中所遇到的突然冲击。虽然并不是每一次撞击都会导致脱落，但每次撞击都会让你的连接有松开的趋势。好在这一类的问题并不难预防。同样的，快速的包裹方法是使用电工胶布把连接器包裹起来，通常这么做足以吸收掉冲击，让连接器紧紧连接在一起，如图3所示。

图3　战斗中作用在小插头上的外力可以让你体验到出其不意

以前，我有一个27千克的带有沉重的旋转棒的机器人，当它和一个相当难缠的对手战斗的时候，经过一次特别沉重的打击之后，它们的电源开关被摧毁了，双方同归于尽。与此同时，我使用的两个电池组的插头都掉了下来，没有电源再给机器人供电，我虽然赢得了战斗，但如果它们没有被打晕的话会更好，这本来是一个很容易预防的损失。

固定线缆

每当线缆和移动部件在同一个区域的时候，这两者都有可能会纠缠不清，难以自拔。而这种情况发生之后，你的手中肯定会一团乱麻。也许你够幸运，只是擦破了绝缘胶皮，也许你不太走运，你的电气系统将会完全毁坏。

花上一点点的时间，把你的线都固定好并远离运动部件，从长远来看，可以避免很多头痛的事情。如果你认为它们已经足够安全，就把这些线缆拉到可以牢牢地固定它们的零件上，确保这些线缆不是到处散落在机箱中。

绑扎或热塑包装外露连接器

在连接器上加一条绑带或进行热塑包装可能并不太常见，但是当机器人在战斗中挤撞时，它们可以多一层保护，或者偶尔有金属划过你的机器表面时，机器人暴露的点越少，短路的风险也会越少。相比于其他提高可靠性的方法，这并不需要投入多少时间，也占据不了多少重量。

给电池加衬垫

电池是机器人中另一个不能很好的承受振动的器件。现在还没有发明出任何可以耐冲击的电池的化学成分，但是对破坏反应最差的莫过于锂聚合物电池组了。这些电池组在重负载下可能会膨胀，当损坏足够大时，偶尔可能会着火。

你可能会觉得只有某些情况才会对电池造成伤害，比如锯条切割到它，或者长钉刺穿了它等。但事实并非总是如此，极度的冲击和一个刚性的外壳就足以造成严重的问题。

无论使用的是那种外壳，都必须要确保有某种衬垫位于电池和刚性部件之间。这种衬垫让电池可以无阻碍的晃动，当处理突然冲击的时候有时间让其加速或是减速，如图4所示。

图4 冲击可能弄坏电池；你应该做任何有助减少这种后果的事情

使用螺纹固定剂

你的机器中某处可能用到了螺栓，如果它们拧入的材料不会和螺纹固定剂的化合物产生不良反应的话（例如，暴露于螺纹固定剂中的 PC 塑料会变得极为脆弱），那么你应该使用螺纹固定剂。

乐泰（Loctite）是最知名的螺纹固定剂品牌，也很容易买到。如果你有一个不想再打开的紧固件，你可以使用红色的乐泰或同类产品。如果打算在将来什么时候可能打开来取什么东西，你可以使用蓝色乐泰或同类产品，如图 5 所示。如果你每次战斗后都要打开紧固件来进行维护，那么你可以不使用螺纹固定剂，不过它仍然值得考虑。

如果你没有使用螺纹固定剂，请在每次战斗前确保紧固部分均紧固良好而松紧适合，可以考虑使用锁紧垫圈来帮助将部件锁紧在一起。

图 5　一点点努力就可以避免机器人被开膛破肚

在零件上使用连接器

这会给你的制作增加一点点重量和成本，但是将你的系统设计成无需烙铁就可以替换，并不仅仅可以节省维修时的时间，还可以使得你在比赛中如果发现有磨损的或可疑的组件，完全有时间在失效之前就将它们替换掉如图 6 所示。

对于大多数的系统，你应该使用极化的连接器[1]（例如，Deans 连接器），因为它们可以确保你在更换元件的时候不会插反。子弹型连接器也相当有用，不过，它们最适用的地方是无刷马达，你也许需要快速反向极性来驱动马达，以让其工作正常。

有一个共同的分配电力点

在你的机器人内部，无论是正极引线还是负极引线，都需要有一个共同的电力分配点。理想

---

[1]　防呆连接器，插入时带方向性的连接器。

情况下，这个点应该非常靠近电池。这可以让你不必使用太粗的电线连接到机器人的其他地方，因为对它们需要承载电流的要求可以较低。

通常情况下，你所具有的电源正极分配点要么直接在电源开关上要么就在其附近。对于负极引线，我一般用螺栓将几个高电流的连接体一起固定在电池侧导线进入的地方，所有其他的连接体都从该点引出。采用这种布置方式，并且所有需要的地方都使用极性连接器，让它们以最简单的方式在系统上工作，从而让系统可以更容易避免错误，而且比赛后的维修也方便。

图6　可以节省时间并让你在应该（而不是需要）的时候更换备件更容易

电子产品的防震安装

有一个应用广泛的方法可以将电子产品安装到你的机箱中，并可以帮助它们隔离外部冲击。如果你不需要气流冷却，可以使用泡沫、胶水、胶带甚至线缆淹没它们，将它们紧紧的绑在机箱上。如果你需要风冷，那么你需要去寻找更多的紧固物品，类似于魔术贴[①]（最流行的牌子是Velcro）、3M Dual Lock Reclosable Fasteners（类似于魔术贴，但较为刚性），或者隔振套（基本上就是将螺母或螺栓通过一块橡胶连接在一起）等，如图7所示。

当然还有很多更好的方法，其核心目标都是相同的：当机器人被击中时，你需要给电子器件更多的时间用以缓冲。这种缓冲看起来好像不大，但这可以让部件速度下降，并导致两种截然不同的结果：元器件损坏或者完好无损去参加下一场比赛。

焊接实践

焊接在大多数机器人上都能至少发挥一定程度的作用。擅长于焊接出牢固的焊点连接是一项重要的技能，它可以确保你的电子系统在竞技场中不会土崩瓦解。

[①]　这类产品的中文名是钩和毛圈搭扣，Velcro（维可牢）的产品 hook and loop fastener 在中国的名称是魔术贴，因为其太有名，所以此类产品都被称为魔术贴。

牢固的焊接连接的关键要素是合适的焊锡、合适的烙铁、良好的焊接流程，以及对温度的正确使用以获得对焊接部位的良好的覆盖。根据选择不同，对于什么才是"合适"的确切含义也会有所变化，因此我将贴出我已经发现的、在150克到13.6千克的机器人上均工作良好的配置：

图7 不需要太多，只要能让机器人的脆弱部分隔离震荡即可

· 焊锡：我使用的是 60/40 松香药芯焊丝，我在 2010 年从 McMaster-Carr 买了一卷（产品号为 7659A3），然后从那时一直用到了现在。

· 烙铁：我使用的是 Weller W60P 的 60 瓦烙铁，配的烙铁头是 CT5D8。对于较大的电线，烙铁头的宽度对于热传导非常关键。而过小的头传递的热量有限，将大大限制烙铁可以处理的线的尺寸。

· 酸性助焊剂：我是用的是 Lucky Bob 的 Acid Flux，我经常使用它，到现在差不到已经使用十年了。在使用它的时候，必须要确保将它全部蒸发掉（因为随着时间的推移，残留的助焊剂可能会腐蚀线），这一点有点讨厌，但是我还没有找到给线上锡的更好的办法。

· 我使用的过程是：在裸露的线上刷上酸性助焊剂，在烙铁头沾上一层 60/40 松香药芯焊丝，然后使用烙铁头给线的各面都沾上锡，其结果是产生了一根吸饱了焊锡的拧成一股的线。接下来，当要将它焊接到其他东西上时，连接就会牢固的多了。

· 指套：在你做大量焊接工作时，这东西可以防止将手指烫伤。我倾向于不使用它们，不过它们确实很方便。

对马达的战斗强化

皮特·史密斯写了一篇梦幻般的指导，讲述如何战斗强化他的 Kitbots 1000 RPM 的电机，他的指导中介绍的技术同样可以被应用在范围广泛的齿轮电机上，以非常小的努力就可以延长电机的使用寿命。

请务必去查看如下网址的这篇指导：

www.teamrollingthunder.com/Kitbots/Battle_Harden/body_battle_harden.html。

小型 Arduino 机器人手的制作

Peter Ohlmus 撰文　符鹏飞 译

　　在某一个假期中，我使用了在各种商店中找到的乱七八糟的东西，和最新推出的非常酷的 Arduino 微控制器一起，制作了一个廉价的（不到 300 美元）小型机器人手（图 1）。

图 1　小型 Arduino 机器人手

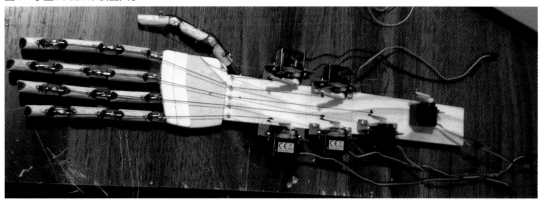

　　我一直喜欢玩各种电子产品，把它们拆开看看工作原理什么的。自从 8 岁之后，我就开始组装和玩无线遥控车和伺服电机。所以，当我注意到"Arduino 实验套件"在当地的电子商店出现时，我是多么的兴奋啊！在网上研究了一段时间之后，我被我可能用它实现的各种可能性搞的既惊讶又兴奋。

　　起初，我打算用微型伺服电机做一个双足机器人，我曾经在 YouTube 上看到过机器人战斗视频，感觉它们既经典又够酷。不过这个想法很快就被改变了，当我开始想象模仿手部运动的前景，尤其是想到可以使用通用材料和快速可靠的伺服，不用花多少钱就能实现的时候，顺理成章地，一个受达芬奇机器人启发的机器手的项目被构想出来了！

　　这是我第一次玩 Arduino，以及在它上面编码控制伺服。对于一个有经验的人来说，木头手可能看上去过于简单，但它可以展示诸如伺服控制、Arduino 编程以及机电一体化方面的一些基础知识。此外，它还是一个有趣的冒险：自己采购原材料，考虑解决方案，把它组装起来并且看到最后的工作成品 —— 当然还包括对今后继续提高和改进方面的思考。

机器人 DIY

使用的很多部件都可以在五金店和服饰用品店以及当地的超市中轻松找到，一旦你熟悉了对 Arduino 的编程，对它进行安装和配置就成了一个令人满意的体验。

起步

我没有花许多时间去规划项目，第一个草图和设计都相当的基本；手指关节的草图以及手掌的大小尺寸，还有伺服的位置以及我将用来作为肌腱的线的位置等等，都只有个大概。

当这个想法还没有成型的时候，我发现仅仅去寻找并制作自己的部件会更加容易，并据此调整了我的工作进度。我基本上就是随便地按照自己的手来制作木手的外形，手指的各段尺寸也和我自己的手的尺寸大致相同。如果你正在寻求制作类似的东西，我建议你使用自己手的每个手指的每个部分来获取比例模型。

我很高兴没有一个 3D 打印机，因为拉丝、切削、钻孔、胶合以及把做废了的产品扔掉然后再来，这些都让整个过程增加了乐趣和创造性！可以放一些好音乐或不错的纪录片当作背景声来听，所有必要的工具，加上热情以及大量的时间，你已经一切就绪了！

首先，我选择了一个 1 米长直径 10 毫米的木销来充当手指部分，使用我喜欢的 Dremel Multipro 电磨机将它们按照草图切成合适的尺寸。在我发布到 YouTube 的视频上，你可以看到手指关节的两端发黑，那就是使用 Dremel 切割造成的 —— 它的切割过程基本上就是在烧木头。

现在我需要手指关节了，于是我马上开始在五金商店寻找便宜而有效的铰链，它应该能连接手指指节并让它们可以自由活动。我看了一些小的铰链、窗帘杆连接器、剪刀以及其他潜在的器件，但它们都不能满足要求，直到我在本地的超市中看到了一个挂在墙上的茶漏，我知道我找到想要的东西了！

这东西每个 2 美元，而且每个茶漏有两个压制的金属"铰链"—— 两块金属中间有孔，一个销子插入孔中，一端被压平。于是，我花了 30 美元买了 15 个这种茶漏（结账时收款员充满了好奇的眼神），接下来这些茶漏将迎来它们的命运（图 2）。

图 2　茶漏提供的铰链（关节）

　　我检查了所有的铰链，在这所有 30 个中仅有 18 个可以顺畅地转动而没有卡顿。我的意思是压制钢销的时候采用的是普通工艺，这些茶漏没有按严格的公差设计来保证转动顺畅。

　　最终 18 个通过了测试，对于我需要的每个手指 3 个关节是绰绰有余了。

　　到当地服饰品店逛的时候，我找到了适合用于肌腱的厚棉线，还有一些非常小的金属扣眼可以用来做肌腱的导向孔（图 3）。

图 3　可以给肌腱导向的扣眼。注意在右上侧的"切开就好"的一对成品

　　我也发现了一些细的黑色松紧带（就像你在一条裤子中发现的一样），我想把它用在每个手指关节的上面用来提供回弹力 —— 让手指回到"张开"的状态（图 4）。

　　这个弹性也将用于拇指组件的旋转 / 转动之中。

　　"张开"或"紧握"手指的运动实际上应该称之为"弯曲"和"伸展"。将手指弯向掌心方向是"弯曲"，或者我称之为"紧握"手指；将手指弯向远离掌心方向是"伸展"，或者我称之为"张开"手指。

　　在手指指节（铰链 / 关节的上面）之间，我用了一节切割的硅胶管。它提供了一种简易形式的软骨，

图 4　当手指弯曲时可以提供回弹力的松紧带

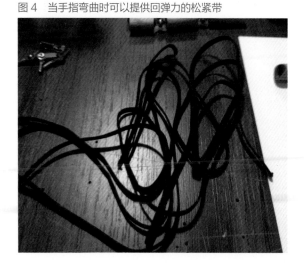

可以阻止手指指节向后过度弯曲，同时还提供了少量的自然缓冲。

　　至于手掌和前臂部分，我使用了松木、中密度板（MDF）以及几根切成薄片的自拍棒。

　　至于驱动手指移动部分，我想需要 6 个伺服：拇指用两个，其余每个手指一个。

至于控制部分，我想要有 4 个输入来让这个手具有 4 种不同的功能，所以我选择了一块基本的控制板 PCB（印刷电路板，printed circuit board），它有 4 个按钮（用于输入），并可以使用一个单独的 5 V 电源为 6 个伺服供电。

最后，还有闪亮登场的最新 Arduino Uno，它将由我的笔记本电脑供电。

这些小零小件和想法的收集过程都有很大的意义，而且我入手的时机刚刚好 —— 正值热情的工匠休假期间！

现在，我已经做好准备要给这个小木手进行编程了。

组装和焊接

我已经做了手指指节的草图，因此只要把木销做好长度标记然后再切成一节节的指节就可以了。我将每一个面向手掌的指节的下面都切成 45 度，这样在闭合的时候每个指节的末端不会接触，且手指完全闭合时伺服电机所需要的行程可以小一点（图 5）。

图 5　一个几乎完整的手指，注意指节的下面切成了 45 度以使手指可以完全闭合

我需要配合关节 / 铰链的尺寸，所以两个相对的指节之间会有一个大约 10 毫米的间隙，在间隙的两端，我需要在手指指节上钻出孔来。

下一个步骤是将关节从茶漏上切下来，并在铰链的任一侧留下大约 5 毫米的转轴（图 6）。

使用比露出来的茶漏轴稍宽一点的钻头，在每一个指节的两端（除了指尖）钻出一个孔来，这是用来放置茶漏转轴的地方，要留一点点放环氧树脂的空间。涂一些环氧树脂到孔中，然后将转轴插入木销中。要确保所有的铰链都方向一致，你肯定不希望有靠不住的手指弯出了不寻常的角度吧。此外，如果是使用快干型的环氧树脂的话，要格外注意这个摆放方向。

现在,是时候安装软骨片了。它们需要被切成和手指指节之间的间隙尺寸相同(大约10毫米)。切下一段和间隙长度相同的硅胶管,然后再切成两半。

你会想到用环氧树脂硅胶管的一端固定在仅仅一个手指指节的手指背部,但你肯定不会想要将两个指节粘到一起吧(图7)。

图 6　从茶漏上切下铰链以备使用

图 7　加入了肌腱导向和软骨垫(限位管),指尖在上侧

然后我拉紧黑色松紧带并穿过每个手指指节的上部(背向手掌的那面),再使用橡皮筋(你也可以用小型的鳄鱼夹)将两端固定住。然后,我在松紧带和木头交汇的地方滴了一小滴强力胶以让其定位(图8)。

在做上述安装时,我通过张开和闭合手指来测试是否有正确的弯曲量,如果感觉不错,我就将环氧树脂涂在黑色松紧带的两端的下方,当环氧树脂涂好后,再修剪掉两端多余的部分。如果感觉不对,强力胶的连接很容易被破坏掉,这可以让我在调整松紧带的松紧后再使用强力胶固定。当我安置并用胶固定松紧带后,再使用蓝丁宝贴(Blu Tack)将现在的铰接手指粘在桌面上[1]。

现在轮到了手掌和前臂了。我切了一段长度为 300 毫米的松木,这用来做前臂长度有余了。然后我把我的手掌的原始草图画到一块中密度纤维板上,画好后就开始切割。白拍棒的切片附加到手掌上来模拟掌垫。

---

[1]　蓝丁宝贴可以反复使用,固定的目的是等环氧树脂和强力胶凝结并固化。

将手指的端部和手掌的端部对好位置后，我为"手指到手掌"的铰链标记好孔的位置并钻好孔，这是最后外露的铰链（图9）。

图 8　所有的四个手指的弹性阻力带都安装并固定了　　　图 9　早期阶段，在一块中密度纤维板上描绘出手掌的形状

 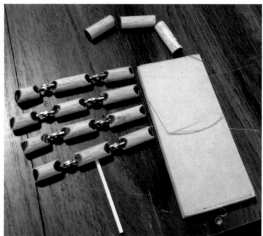

再一次的，当在手掌孔和铰链终端应用了环氧树脂之后，我使用蓝丁宝贴将手指固定。

完成了手掌和前臂之后，我使用一块扁平钢件将它们连为一体，然后再转战手掌上的拇指连接点。

我必须弄清楚我真正的拇指的实际移动方式，最终将完成的拇指组件以 45 度角安装到手掌的下角。我在手掌的这个位置钻了一个孔，同时也钻通了最后的拇指指节，然后用了一小会儿，将它们用螺钉拧在了一起，这样拇指组件就可以平滑地转动了。

用于拇指的松紧带有两截，拇指组件自身有一个用于拇指各个指节的松紧带，另外还有一根单独的松紧带用于将整个拇指组件返回手掌张开状态。我将这根松紧带加到最靠近手掌的拇指指节上，然后将它固定在前臂上。随后将两个小金属片用螺钉连接到手掌的背部以防止手掌组件旋转过了头（图 10）。

排在下一步的是肌腱的导向扣眼，对于这些，基本上只要在每个手指指节的某段钻出小孔，然后将扣眼一切为二并逐个将单个扣眼胶合到孔中即可。我在手掌上重复这些步骤，但是必须要将这些最终导向孔和前臂上的伺服电机的安装位置对齐（图 11）。

有个扣眼被添加在靠近手掌处的拇指组件上，这为拇指组件的上下旋转提供了一个锚点。另一个扣眼被添加到前臂的末端和手掌相交处，在这个点的右下方，就是拇指组件安装的地方，第二个扣眼将拇指的旋转肌腱直接导向回伺服。

图 10　机械部分完成了，最后一步给拇指组件增加返回的弹性

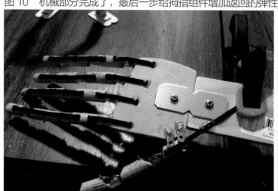

图 11　前臂上用于所有 5 个手指的肌腱导向孔，图中没有显示让拇指组件返回的导向孔

第三个扣眼被添加到前臂侧边的更下方，用来让拇指旋转肌腱被另一个伺服拉住。

其中一个最重要的步骤是安装和调整伺服电机。每个伺服臂必须要和最后的肌腱导向孔排成一条线。因此，我放好了每一个伺服和扣眼的位置，然后使用直角塑料支架进行电机基本的安装，并用钻孔和螺纹使它们就位。

你会注意到图 12 中电机呈交错排列——这是因为它们无法完全一个接着一个地排成直线，或者仅仅是因为它们的尺寸不够合适（图 12 ）。

一旦伺服电机固定好，我开始将线绑在每个手指之间的扣眼上，然后将线向下穿过剩余的扣眼直至到达其相应的伺服臂（图 13 ）。因为所有的手部零件都已经装好了，我转而去焊接控制板 PCB 上的所有元器件。

控制板的 PCB 并不困难，因为所有你需要做的就是焊接六组三引脚的排插（将长排插分开）来让伺服可以插入，4个瞬时按钮，4 个用于按钮的 10 KΩ 的上拉电阻以及连接到 Arduino 的引线（图 14 ）。最后，还要选择一个适合 5V 的电源插孔。就我这个项目而言，我找了一个老的佳能照相

图 12　完成了的机械组件，图片底部的伺服使用伺服下方右侧的肌腱控制拇指组件旋转

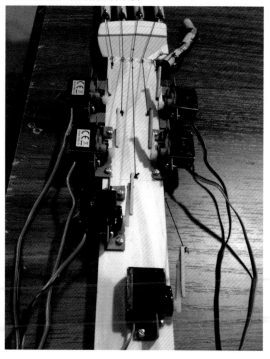

机的 USB 电池充电器放在了盒子中。我不会涉及焊接控制板的细节，但是可以提供 Frritzing[①] 的图供你参考布局（图 15）。

图 13　肌腱的所有穿线都已完成，旋转拇指组件的锚点可以在拇指的底部看到

图 14　测试连接到 Arduino Uno 的控制板 PCB，测试了所有 6 个伺服电机

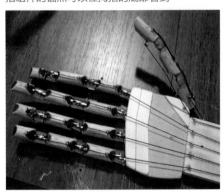

随着组装和焊接的完成，我重新坐了回去，心想，酷！现在，让我们继续往前进发！

零件清单

· 10 mm x 50 mm x 400 mm 的松木片（前臂）。

· 10 mm x 60 mm x 70 mm 的中密度纤维板（手掌）。

· 1 m 长 10 mm 直径的木销钉。

· 直角塑料支架（将伺服安装到前臂上）。

· 自拍杆切片（可以不要）。

· 200mm 的硅胶管。

· 黑色松紧带。

· 强力筋 / 线。

· 金属扣眼。

图 15　使用 Fritzing 的控制板布局

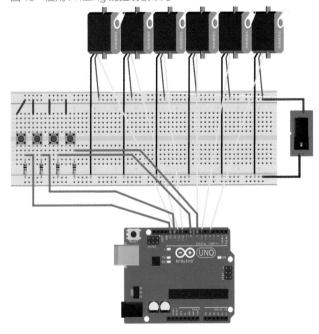

---

① 　Fritzing 是个电子设计自动化软件。它支持设计师、艺术家、研究人员和爱好者参加从物理原型到进一步实际的产品过程，还支持用户记录其使用 Arduino 和其他电子产品为基础的原型布局，并与他人分享。

- 茶漏。
- Arduino Uno（或同类产品）。
- 跳线。
- 按键。
- 电阻（10 KΩ）。
- DC 插口。
- 分开的排插引脚。
- 6 个伺服电机（我使用的是 7.6 克的 DS76 数字亚微型伺服电机）。

工具列表

- 电钻和钻头。
- 鳄鱼夹。
- 小橡皮筋。
- 环氧树脂。
- 强力胶（Super Glue ™）。
- 蓝丁宝贴（Blu Tack）。
- 钳子。
- Dremel 电磨机或暴力锯。
- 烙铁和焊锡。
- Arduino IDE（v1.04）。

Arduino 编程与测试

一旦我建好了机械部分并焊接好了控制板 PCB，现在是时间去进行编码。我在控制板上使用了 4 个按钮，因此我可以激活我想要的功能。每个按钮都需要在按钮引脚之间（正极和地之间）接一个 10 KΩ 的上拉电阻，并从每一个按钮跳线到 Arduino 的 4 个可用数字引脚上。

我曾经想过在一个单独的手套中使用弯曲传感器这种方案来代替按钮控制功能，但是这样需要更多的代码，还需将传感器和手套组成一体，尽管如此我还是挺喜欢这个想法的。好吧，4

个按钮将触发 4 个基本的功能，每个都包含一组动作：

- 按钮 A = 所有的手指和拇指一起张开和紧握
  - 设置为慢速
  - 同时握住 4 个手指
  - 向上旋转大拇指并握住它
  - 张开拇指并向下旋转
  - 同时张开 4 个手指
- 按钮 B = 先独立移动每个手指，然后移动大拇指，先慢后快
  - 设置慢速
  - 紧握并张开手指一（食指）
  - 紧握并张开手指二（中指）
  - 紧握并张开手指三（无名指）
  - 紧握并张开手指四（小指）
  - 向上旋转大拇指，握住并张开，再向下旋转
  - 设置快速
  - 紧握并张开手指一（食指）
  - 紧握并张开手指二（中指）
  - 紧握并张开手指三（无名指）
  - 紧握并张开手指四（小指）
  - 向上旋转大拇指，握住并张开，然后向下旋转
- 按钮 C = 食指和拇指捏在一起 —— "精确地"抓东西
  - 设置慢速
  - 向上旋转拇指
  - 同时闭合食指和拇指
  - 同时张开食指和拇指
  - 向下旋转拇指
- 按钮 D = 快速地交替闭合和张开手指和拇指
  - 设置快速

- · 同时闭合和张开食指和小指
- · 同时闭合和张开中指和无名指
- · 同时闭合和张开食指和无名指
- · 同时闭合和张开中指和小指

在将肌腱线安装在食指上，并穿过所有的扣眼之后，我会拉线的另一端，这会闭合手指，并在下面放一张纸记录拉紧线之后线尾的位置。然后再松开线让手指重新回到张开状态，再次在纸上记录线尾的位置。

这可以让我测量出线移动的长度，也就是伺服在张开和握住每个手指时所应该拉动的距离。

这个测量结果将用在微调伺服在代码中对应每个手指的旋转角度。

使用Arduino的示例程序（sketch）"sweep"，我将一个伺服连接到 Arduino 上，将它固定在桌子边进行了上述的测量，然后运行该程序。

当伺服臂来回移动的时候观察它的尖端，我可以清楚地看到我所需要的行程角是一个完整的 180 度。不过，伺服臂的长度太短了，所以不能移动我所需要的水平距离。因此我为每一个伺服臂都做了一个小小的木制扩展，这样就可以保证安装到伺服上的木制扩展的行程距离可以满足水平测量值（图 16 ）。

完成了这些关键测量工作之后，下面可以开始写一些代码了。先从基本的将按钮附加到数字引脚开始：

- · buttonPinA = 数字引脚 13
- · buttonPinB = 数字引脚 12
- · buttonPinC = 数字引脚 7
- · buttonPinD = 数字引脚 2

然后，将伺服按照下面的方式连接到 Arduino 上：

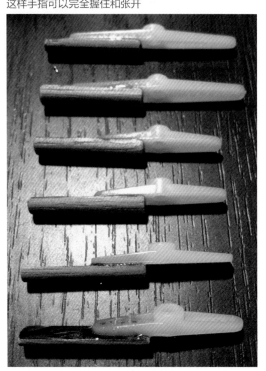

图 16　伺服臂扩展，用以提高伺服行程角的水平距离，这样手指可以完全握住和张开

- myservo1.attach(11)：小指连接到 PWM 引脚 11

- myservo2.attach(10)：无名指连接到 PWM 引脚 10

- myservo3.attach(9)：中指连接到 PWM 引脚 9

- myservo4.attach(6)：食指连接到 PWM 引脚 6

- myservo5.attach(5)：拇指（上下旋转）连接到 PWM 引脚 5

- myservo6.attach(3)：拇指（握住 / 张开）连接到 PWM 引脚 3

每次按下按钮都会连接到代码中的语句：if (digital Read) (button Pin A) == HIGH)。或者，如果按下按钮 A，那么执行一个包括一组 myservo1.write(n) 语句的 for 循环来移动伺服，也就是移动了手指。

此外，查看样例程序"sweep"，for 循环中包含了变量 pos（位置），它是用来评估条件的一个变量，根据条件是留在循环中，还是要退出循环，同时也递增 / 递减计数器。更重要的是，该变量代表了 myservo1.write(n) 语句中的伺服位置值，这条语句中的 n 要使用 pos 替代。当循环运行时，pos 值（初始值为 0）递增，因此调用 myservo1.write(pos) 语句一次，伺服的位置也改变了一度。

因此，基本上代码就这么重复着直到某个条件得到满足就会停下。在本例中，这个条件是 pos 值等于最大行程角度位置值（这个值是 180），然后就会停下。

所有上述代码描述了将手指从张开位置移动到紧握位置，要移回张开位置也是小事一桩，也就是再增加第二个循环而已，但是这个循环是从 180 这个值开始并反向记数（计数器递减）。第二个循环跟在第一个循环后面，其结果就是完全地握住手指然后再张开的运动。

通过观看基于这个例程代码执行的伺服的旋转速度，可以知道，如果在每一个独立的或一组 write() 位置移动语句之后增加时间延迟函数 delay()，就可以增加或减少旋转速度，因此使用这种方法能够改变手指的紧握与张开的速度。例如，delay(5) 可以让程序在继续执行下一条 write() 位置语句前暂停 5 毫秒。

我把线连接到伺服臂上然后执行了代码，其结果是：它工作的无与伦比，食指顺利地闭合并张开了，完全是按计划进行。

经过这次成功之后，下面的就是复制粘贴代码的事情了，只要根据每个手指稍微调整一下代码直至完成所有的代码。务必要单独测试每一个手指，当满意之后，你可以将代码合并到一起让多个手指共同移动一次。拇指的挑战性要更高一点，所以我选择了一个基本的运动模型：

- 向上旋转整个拇指
- 闭合拇指
- 然后张开拇指
- 向下旋转拇指，复位，平躺紧贴在手掌旁

花了一点时间才让两个伺服按我所计划的协同工作。但是通过将组合运动分解成单独的动作，导致最终的运动变得平滑而又完整。

编码完成之后，测试发现需要做一些微调。而且最重要的是，我有了一个非常酷的具有 4 个功能的可工作的机器人手，我相当高兴，因为我知道如果我能完成这个工作，那么我也可以使用 Arduino、优异的微小型伺服电机以及许许多多的零配件做更加复杂的工作！

300 美元的木头机器手

已经成功地完成了这个项目,我想向世界展示它！我制作了它的动作方面的一些基本的视频，然后合成为一个总视频，并将它上传到我的 YouTube 频道。视频非常受欢迎，收到了大量的评论和问题，所有的问题我都尽了最大努力去回答。

在 YouTube 里，人们都非常喜爱它，他们的问题和喜悦让我整个的体验更上了一层台阶。我享受于解释它的制作过程、它的运行方式，甚至于有受到鼓舞的朋友在工作中外出使用 Arduino 和机电一体化的工作母机（伺服电机）去做实验。总体来说，我非常喜欢我对机电一体化的涉足，虽然有一段时间了，但我还没有将这个机器手拆解，从而把这些伺服重新安排用途，它依然占据着我的工作室架子上的显要位置。不过真正伟大的地方莫过于所有的组件和零件加起来也没有超过 300 美元。

挑战和障碍

由于组件的简单性，实在没有多少重大的问题或挑战。

我遇到的第一个问题是，我从一个古老的四通道遥控直升机中收集的伺服，它们基本上是没有品牌的微型伺服，刚开始用它们还不算糟，尤其是在考虑到低成本的因素后 —— 它们设计是用来匹配直升机框架的，因此这些伺服的安装基板和你通常所看见的有 4 个螺丝的安装基板相比不够牢靠。

这意味着这块基板要保持弹出状态，这样里面的油脂就会泄露，它们真的不像普通的伺服那样安全。起初，我用了一根橡皮筋将整个外壳扎了起来，基板不会从内侧弹出了。不过，尽管如此，最后它们还是不能胜任任务。随着时间的推移，有些齿轮坏了，还有一个电机也出了故障。

因为我已经飞了 e-Flite 公司的刀片式遥控直升机好几年了，我知道它们的微型伺服可靠、输出大并且价格相对便宜。因此我到他们那儿买了 6 个伺服替换了之前的，价格相当合理，每个 17 美元。

接下来的障碍来自于 Arduino。我在许多年前有过使用 C 语言和 VB 的编码经验，这些都和微控制器没啥关系。本项目的最终结果是要在按下一个按钮之后让多个伺服电机完成组合工作（总共 4 个按钮，4 个功能），因此这有一定的学习难度。

不过，在发现了在线社区、下载了一些例程并开始熟悉编码一段时间之后，我还是写出了第一个基本的使用 PWM（pulse width modulation，脉冲宽度调制）控制伺服移动的 sketch（Arduino 的程序）。

这相当容易，代码也不难理解。因此，所有的这一切过程中，挑战变成了乐趣，成为比较容易通过的工作，而不是令人生畏的"让人晚上无法入睡"的问题。Arduino 的好处在于大量的在线社区，只要使用搜索就可以获得帮助，而且很多网站上还有非常不错的指导性内容，例如 Arduino.cc、Adafruit 以及 SparkFun 等。另外，在《SERVO》和《Nuts & Volts》（www.nutsvolts.com）这样的杂志上也有可以学习的文章。

建议和提示

· 使用新的环氧树脂和强力胶。

· 使用强力线／筋作为肌腱。

· 确保伺服在前臂上安装紧固。

· 让环氧树脂固化。

· 在将伺服连接到手指之前，单独测试代码和伺服。

· 尽情享受和学习机电一体化的过程。

· 让创造性思维弥漫。

新的更具挑战性的版本

一晃一年过去了，我制作了一个类似的，全部采用金属的机器手。这一次，我使用了墙式弹簧固定/套索作为关节，还用了一根编织鱼线作为肌腱。我再次使用了在五金商店容易找到的零件，以及同样的 Arduino Uno 和 eFlite 的微型伺服。

金属手看上去有点儿酷，带着终结者的范儿，像一个外骨骼。它有着完整的手腕旋转和关节曲张运动，当然也有手指的张开/内收（虽然我还从来都没有完成这个功能）。

我现在是在第 3 个版本上工作，大部分是用 3D 打印出来的部件制成，并使用了我自己设计的线性执行器，现在正在配置之中。它的效率更高、更精确，也更符合规则，我的梦想就是为孩子们和业余爱好者们制作一个便宜、满足功能而且还模块化的机电一体化套件。

如果它被制作出来，并优化了设计，我的最终目标就是为下肢截肢者制作经济实惠的、容易定制的假肢。

参考资料

www.youtube.com/watch?v=t52edTD9RA0

www.youtube.com/user/petethedreamer/videos

Arduino.cc; Adafruit.com; Sparkfun.com

www.e-fliterc.com/Products/Default.aspx?ProdID=EFLRDS76

Beer2D2——啤酒桶中的机器人

Steven Nelson 撰文　符鹏飞 译

我需要制作点东西

大约 5 年前，我在两个不同的城市有两份不同的工作，几乎很少有时间可以花在项目上。有一个职业并能为之工作是一件好事情，但对我来说，我从来没有停止想过去制作某种新机器人或玩具玩玩。大概在 2010 年的 2 月中旬，我意识到即将在 4 月举行的 RoboGames 大赛正日夜临近。我去查看我的"Obtainium"（杂货）堆时注意到一个空的 1.5 升喜力啤酒小桶，显然是我还没有来得及扔掉的。我想，那个形状一定是在提醒我，这就是那位来自其他星系的世界闻名的航天机器人[①]吧。我做成的 Beer2D2 机器人如图 1 所示。

我抓起了那个罐子、一个旧的有源电脑音箱，还有一个 75 MHz 的 Novak 无线接收机，然后我开始搜寻一些轮胎和驱动电机，不过我没有一个没有在用的。我抬起头看向架子，看见了我的名为 EVA 的小四轮驱动机器人。有那么一刻，我想着，不行！你不能将零件从 EVA 那里抢走！ EVA 实际上是我制作的一个训练用的辅助产品，让我可以学习如何使用 Parallax BASIC Stamp 2 和各种传感器构建自主机器人，并学习对它们进行编程。此外，EVA 还有一个带云台的无线相机、远程操作模式以及一个可以从冰箱中拿到一罐的饮料或是啤酒的夹持臂。借用它的电子零件和马达真是一个非常艰难的决定，虽然怀着略微沉重的心情，我还是决定这么干了。

图 1　Beer2D2

[①]　显然指的是星球大战中的 R2-D2，阿图。实际上，作者制作的机器人就叫做 Bee-r2d2。

制作 Beer2D2

　　一旦我知道我有了一些机器人的动力传动系统的主要元件之后，我不得不为了一个基本的设计开始拼凑身体的其他部分。从外面弄来卷尺再加上纸和铅笔，我测量了喜力小桶的长度和宽度，并且计算了它的内部容积。我测量了 EVA 的胎面宽度和包括了轮胎直径的前后轮轴距、并且还给它称了一下重。它的体重有 2.72 千克，因为我知道 EVA 可以使用一块 2000 mAh 9.6V 直流镍镉电池组运行超过一个小时，我想这个新机器人也应该做到这一点。此时此刻，我需要去实际购买或是寻找一些新的零件了。

　　我的第一站是廉价机器人制作者的商店，我在二手厨具用品区发现的第一个东西是一些锡蛋糕模具。我想到，"啊，这个可以做成不错的肩膀"。然后，问题来了，我需要给机器人配一个半球形的头，因为我已经测量了喜力啤酒罐的顶部，因此知道它的直径是 14 厘米，我开始在餐具、玻璃器皿、杯子、碟子、塑料儿童玩具里面乱翻，竟然找不到合适的！就在我几乎准备放弃的时候，我看到了一叠不锈钢搅拌碗静静地躺在了架子的底部。

　　我伏下身子，趴在地上，把那叠碗拉了出来，从上往下两个碗之下马上就是个尺寸大小非常完美的不锈钢碗。我忍不住大声惊呼"就是它"！几个也在买东西的女人看着我，就好像我是个疯子。

　　我一边老老实实地为我刚才的突然爆发向大家道歉，一边贪婪地抓住我的稀世珍宝。我还抓起了一些其他的碗，但因为不太适合所以最终没有使用它们。接下来，我需要的就是能容纳传动系统的东西了。

　　航天机器人有一些长方形的轮子部件，我需要 3 个这种东西。同样地，我通过将伺服电机和 7.62 厘米的轮子直接放入进行比划的方式，搜索了大量的蛋糕平底锅和金属盘，结果什么都没有找到。所以，我将我已经找到的宝贝打包，并为之付出了 4 美元。然后前往沃尔玛继续搜寻，可还是什么都没有找到。

　　这时，我转而去家得宝（Home Depot）想搞一些金属片，准备回去自己做一个动力传动系统罩算了。突然，我看见了一个凯马特（K-Mart）超市，然后在命运的驱使下，我来到了它的停车场。我向收银员出示了我的马达和车轮，然后问他们的厨房电器区在哪里，这引起了今天的另一次奇怪的表情。

　　在厨房区，我很幸运地找到了最后的 3 个塑料黄油盘子，我的电机和车轮将要放在它们的里面。

我相信它们来自于玛莎·斯图尔特[1] 的收藏，花了我大约 11 美元。最后，在完成这次购买后，我前往家得宝买了三个 7.62 厘米 x3 毫米的铝扁条作为脚部，以及三个 6.35 毫米的角铝库存（也是用于脚部上的），加上一堆一英寸长的六号和四号螺栓和螺母，还有一卷自沾的魔术贴（Velcro），这些零件总共花了大概 45 美元（我还买了些别的）如图 2 所示。

图 2　Beer2D2 的零件

幸福的盒子

　　我把所有的零件放在一个盒子中，然后将它们拉到了我的第二个工作所在地，我将在完成工作后的晚上，在他们的商店中开始这个项目。我需要切掉喜力啤酒罐的顶部，因为我知道这种罐子是加压的，所以我找了一个锤子并在其顶部中心穿了一个小孔。我听到了呼呼的排气声并闻到了一股难闻的非常陈旧的啤酒残渣的味道。

图 3　Beer2D2 和我的 Dremel 电磨机

　　我想在啤酒罐的顶部留下大约 1.9 厘米的金属，这样我就可以把半球形的头安装在它上面。我使用了一根坚硬的实心线、一个自攻螺钉以及一只 Sharpie 记号笔。我把自攻螺钉旋入中心孔中，这里曾经是罐子的减压阀所在地，并用线系住自攻螺丝用它来控制 Sharpie 记号笔。然后用这根线为向导（拉紧）在罐子的顶部画出了一个圆，使用一个 Dremel 旋转工具和一个切割轮，我把这个圆切了下来并将之去掉，同时也去掉了放光气体的内部气盒，如图 3 所示。为了去掉难闻的旧啤酒残渣，我使用热肥皂水把这个罐子里里外外彻底清洗了一遍。接下来我彻底将 EVA 拆机，从而得到了它的两个

---

[1]　美国家喻户晓的数一数二的商界女强人，美国梦的象征，她的其中一个身份是美国的家具用品大王。

Vantec RET 411 电机速度调节器、电池组以及电源开关，并把它们都放在了桌子上。

我一边试着摆放了几次看看有没有办法将所有的零件都放进罐体，一边琢磨着 Beer2D2 如何接线才能方便维护与充电。在初始设计中，我把速度控制器和电池组放在罐子的非常靠下的位置，这可以让机器人的重心较低，成为半稳定体。我把整个的音箱系统放在了顶部，大小正合适。时间也是必须要考虑的一个因素，我想目前这个样子已经够好了。我不得不去制作动力传动系统／底盘，实际上这一部分的制作花了我好几个晚上。

Beer2D2 的动力传动系统使用了 4 个 Futaba S3004 伺服，它的所有的原始电子部分都被去掉，以被改装成可以整圈旋转。我使用了 4-40 机械螺钉把它们安装在一块角铝上面，角铝使用 Dremel 电磨机切了口以适配电机的外形如图 4 所示。每组电机采用并联接线，连接到一个 Vantec RET 411 速度控制器。电机从一块 2000 mAh 的镍镉电池组获得 9.6 V 的直流电源。实际上，对于使用尼龙齿轮的伺服来说，9.6V 的直流是一个很好的过电压电平，如果你想使用更高的电压的话，你就应该使用带金属齿轮的伺服了。

图4 Beer2D2 的电机框架

在把电机和 7.62 厘米的戴维·布朗精简版 Flite 车轮放入到黄油盘子（电机箱）中时，出了点小麻烦，我钻的所有的孔径都是 3 毫米，钻头总是如同其一贯表现一样，喜欢被塑料卡住。而我也如同往常一样，是以轻微流血的代价完成了这项切割任务以及后续金属罐内部的工作。

至于前轮箱，我用了一些 3.2 厘米的角铝做了一个支架，其中的一根长的穿过车轮作车轴，用来支撑另一个非驱动的 7.62 厘米精简型 Flite 车轮。

在组装好这些箱体并使用电池测试驱动电机之后，下面该来搞清楚如何将它们连接到喜力啤酒罐上了。

如何才能在圆罐四周均匀地布置零件，有几个问题需要仔细考虑。我要准备如何测量所有我准备钻孔的地方呢？经过一番琢磨之后，我使用了一个非常灵活的袖珍卷尺来进行测量。我可以将它包在罐子的外面进行测量并标记打孔的地方，我也可以用一些蓝色的油漆专用胶带包住罐子让我有一些直边可以直接测量。喜力啤酒罐的印刷图案中心有一颗星，因此我也可以用它的中心线来做测量基准。

在我找到肩膀的位置之后，我使用了一对 8 号自攻螺丝安装了它们。对于喜力啤酒罐我学会的一件事情是：它们的罐壁真是难以置信的薄，而且很难在不撕裂的情况下钻穿它。驱动系统的外壳被安装在 3.2 厘米的角铝上，然后用螺栓连接到 7.62 厘米铝扁条上作为 Beer2 的腿部，最后这两个铝扁条是各用两个 8 号自攻螺钉连接到肩膀上的。前轮箱使用了 3.2 厘米的角铝连接到另一个 7.62 厘米铝扁条上，然后再连接到另一片 3.2 厘米的角铝。

运行测试

当我将所有的东西用螺栓连接到一起，我把电池、音箱以及电子器件都放入其中，然后把它放在了地板上。它摔倒了，啊，该死的，有致命的重心问题。我回去并查看电影中的真正的 R2D2，我注意到当它在滚来滚去的时候居然是微微向后倾斜的。啊哈！通过看科幻电影来进行更好的制作！我不得不重新向后定位 / 倾斜了 Beer2D2 的身体，直至其稳稳地站住。

所有这些之后，我接着完成了 4 个电池开关、电机、速度控制器以及无线接收机的接线，然后对它进行了了一次远程驱动测试。耶，它动起来了！现在是时候给 Beer2D2 增加一点个性了，我把它的 12 VDC 2000 mAh 电池组连接到安装在罐子中的开关上，然后再接上带功放的音箱，如图 5 所示并增加了一个苹果 iPod Shuffle 作为音频源，如图 6 所示。

图 5　功放和其电源

图 6　Beer2D2 的 iPod

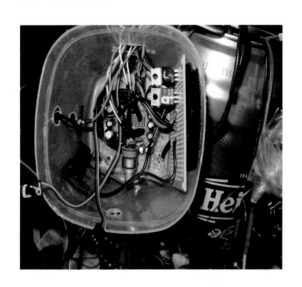

我也将一个库存的伺服安装到另一块 2.54 厘米的角铝上，我将不锈钢搅拌碗放在一支 Sharpie 记号笔上，通过仔细的平衡来找到其内部中心点，然后标记该点位置，我在该位置钻出了一个 3 毫米的孔作为伺服电机的中心轴的螺钉孔，如图 7 所示。

我也在碗上钻了一对孔，用来安装两个绿色的 LED 灯作为他的眼睛。当头部被安装好并在无线电控制下转了 90 度之后，这个机器人几乎全部完成了。

图 7　Beer2D2 半圆脑袋的动力电机

在 RoboGames 上的第一次冒险

Beer2D2 和我在 2010 年首次来到了 RoboGames，实际上，当我们在和 ArtBots 以及 Homebrew Robotics Club 的家伙在一起的时候，有着许多的乐趣。令我惊讶的是，孩子们真的很喜欢这个小家伙，如图 8 所示。我们逛遍了整个大会，它甚至前往会见了一个全尺寸的 R2D2，该项目来自于几个富有才华的制作者，如图 9 所示。

图 8　一位 Beer2D2 的粉丝

图 9　Beer2D2 和 R2

然后，我开始注意到几个问题。固定前轮在转弯时造成了许多阻力，有可能会将轮缘侧边从它的身上撕裂。另一个主要问题来自它的传动系统腿部，它们被安装到锡蛋糕模具（肩膀）上，当腿开始转向和弯曲，就开始将安装螺钉从蛋糕模具和喜力啤酒罐身体上往外扯。不好！我在展会的第二天停止了它的驾驶，只将它用来展示。

之后的一些升级

当我们从这次展会回家之后，我检查了一下受损情况。我加强了肩部的安装，在传动系统外壳之间增加了一块铝条，然后将铝条使用一根 2.54 厘米的角铝用螺钉固定在罐体上。这样改动之后传动系统坚固多了，也不再会扭曲，如图 10 所示。

我去掉了固定前轮并用一根 2.54 厘米的自对准脚轮代替，这样可以减小轮胎阻力并能帮助它更容易转向，现在，进行严格地路试吧！

在 2010 年的 5 月，我将他和其他几个项目一起带到了 Maker Faire 大会上，它运行的好多了。

图 10　Beer2D2 的就餐时间

进一步的升级

在 Maker Faire 大会之后，我希望他的音响系统能更好地工作。扬声器从锡罐内发出的声音真的很闷，因此，我将它打开并拆卸了有源电脑音箱。

当扬声器从它的壳体中解放出来之后，我发现它们的直径大约为 3.8 厘米。我带了一个去家得宝，并找到了一种可以放下它们的 PVC 管接头，因此我买了两个。我将它们以及它们的一些原装扬声器托架都安装到 Beer2 的罐体的底部，再把功放放入到一个我在沃尔玛找到的小型的 Rubbermaid 容器中，然后将它们放回到罐体中。这确实改善了它的声音。

我在那届 Faire 大会上展示的另一个项目是用音频控制 LED 彩色风琴电路，它是我使用了

《Make》杂志上的原理图和许多 Jameco Electronicsd 的分立器件制作而成的。我决定有一天去试试是否我能够将这块电路板放入（塞进）Beer2 的罐体的新发现的空间中。将这块板子的尺寸缩小可不容易，但是使用 Dremel 电磨机来对付这个电路板，再重新对电路布线，以及我手中新添的一些伤口，我终于做到了。此外，一个 Y 形连接器也被加了进去，这样音频信号在被传入音频放大器的同时也能进入到这个 LED 彩色风琴电路中。

图 11　Beer2D2 在 RoboGames 2013 上

我将整个电路板包在一个塑料夹层包和一些电工胶带中，确保它在金属罐体中不会短路。我也修改了原始电路，使用 TIP 42 PNP 晶体管增加了一个输出驱动级。这样一来，我可以驱动更多的 LED 了，Beer2D2 在这一点上获得了一点低调的奢华。

我买了一些 NTE Electronics 的红、绿、蓝防水自粘式 LED 灯带。当时它们每条的价格是 17 美元。此外，我也用另外的 50 美元在 Fry's Electronics 买了一些超亮 LED 模块，当然还需要额外的镍氢电池提供另一路 12 VDC 组为它们供电，如图 13 所示。

图 12　Beer2D2 遇到了 Dalek 机器人

可是等等！这还不是全部！在音频控制 LED 闪烁灯升级之后，我决定让他拥有自主的选择能力。因此我添加了一个 7805 5VDC 稳压器作为传感器电源，一个 7808 9VDC 稳压器用于 Arduino 电源，三个 HC-SR04 PING)))超声波距离传感器 —— 每个传动系统箱中放一个，一个 Arduino 微控制器读取 PING))) 传感器并发送 PWM 控制信号给速度控制器。我实际上是在 RoboGames 2013 大会上，当 Beer2D2 的电池正在充电时完成这些 Arduino 代码的，如图 11 所示。图 12 是 Beer2D2 和 Dalek 机器人在一起。

一个非常简单的程序

图 13　Beer2D2 的闪烁的灯

一般情况下，Beer2D2 的简单的程序总是让他往前走。不过，如果它的 HC-SR04 PING))) 传感器能够检测到在其 7.62 厘米之内有任何东西的话，如果左传感器被触发则向右转，或者右传感器被触发则向左转，如果中间的 PING))) 传感器被触发，Beer2 将会后退，前进方向的修正或者路径上障碍被清除均只需要一秒就可做出反应。

我也添加了一个 4PDT 继电器，它是用一个触发开关控制的，用来手动选择是无线控制还是微控制器控制。要切换使用哪一种信号，其接线方式为：无线 PWM 信号连接到继电器的常闭端子上，Arduino 的 PWM 信号连接到继电器的常开端子上。公共引脚连接到速度控制器的 PWM 输入引脚上。

如果继电器是闭合的，机器人处于远程遥控模式；如果继电器是打开的，机器人处于 Arduino/PING))) 传感器控制的自主模式。这成为 Beer2D2 的标准配置了，而且自 2013 年以来一直如此。如果我一直升级它的软件的话，我确信它总有一天会因此而向我致谢的。

参加各种活动

自从 2010 年以来，Beer2D2 和我已经参加了所有的海湾地区的 Maker Faires 大会和所有的 RoboGames 赛事，我们也一起去过了无数的艺术、科学、机器人俱乐部、创客空间所在地，而且还进行了频繁的野营和公路旅行。这个小家伙和我还亲自会见并真正的娱乐了成千上万的朋友们，我见过它让许多人露出笑容。看着小孩子的脸上的表情、伴随着 Beer2D2 的歌声，和他们一起舞蹈，对我来说真是感人至深的一幕，如图 14 所示。

在一次前往 RoboGames 的旅途中，Beer2D2 和好几个来自 Home Brewed Robotics 俱乐部的机器人一起做了一次游行，肯定至少有 20 个孩子和这些机器人一起行进，这对我们所有人来说真是个神奇的突发时刻。

另一件我喜欢去做的事情是在周日的晚上带着 Beer2D2 围着 Maker Faires 的展位转圈，看看我们俩谁是那个筋疲力尽的家伙，在经历了史诗般的严酷考验之后（对着成千上万的人们演说并展示自己的激情），我们还会在经过这些展位时露出笑容吗？ Beer2D2 几乎总是会。

每个人都应该给他的创造者回馈些什么，因为创造者通常激励和教导了我们这么多东西，这就是 Beer2D2 的思考方式。当有疑问的时候，它总是感谢创造者！

令我们惊讶的是，Beer2D2 竟然在 2013 年的 Faire 大会上被授予了编辑选择奖，它获得了一条蓝丝带。这对于在杂物堆中出生，沾上了一点点科学和机器人技术、由新的和二手的电子产品组合起来的它来说，这还真的不坏。

图 14　更多的 Beer2D2 的粉丝

可怜的小家伙最终死去

2014 年，Beer2D2 真的死了，是完全地无法使用。经过一次有点难度的手术、切割导线、焊接以及加线扩展，我才得以重新将它重新建好，其中买了一些新的零件，并更换 / 构造了它目前的 6 组失效的电池组（它们不再能充电了）如图 15 和图 16 所示。

Beer2D2 在 RoboGames 2015 上再次表现出色，稍加维护，它应该可以为它的第五次前往 Maker Faire 2015 的旅程做好准备了。当然，我在维修它的时候将手伸入锡罐的时候依然割破了手。

图 15　Beer2D2 手术中

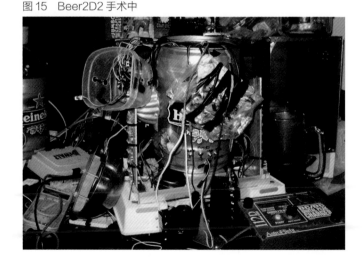

图 16　更多 Beer2D2 的手术照片

Beer2D2 的相关网站链接

JamecoD 的 LED 彩色风琴 —— 现在是以套件的形式给出

www.jameco.com/Jameco/workshop/diy/ledcolororgan.html?CID=organ

来自《 Make 》杂志的更简单、更小的 LED 彩色风琴：简易 LED 彩色风琴

http://makezine.com/projects/easy-led-color-organ/

Vantec 的速度控制器

www.vantec.com/acatalog/spdcat.html

快跑！这是 ParkerBot！

Steve Koci 撰文　符鹏飞 译

　　盛大之夜终于来临，所有的准备工作已经就绪。腐朽的轻雾般的气味飘过邻居们昏暗的灯光，此时正有一群喧闹的少年出现在你常去的地方。突然，从黑暗中冲出一头来自它们可怕的噩梦之穴的生物！一只巨大的、嘶嘶作响的蜘蛛从它的藏身之处现身并发起了攻击，驱使着少年们在恐惧中尖叫着四处奔散！

　　这听起来是不是像一个恐怖电影的场景？很可能如此，但是它也可能在万圣节成为一个现实场景。只要拥有控制一个道具的能力就可以，它能直接和你的客人们互动，也能提供许多令人刺激的恐慌机会。

　　现在，我们将探讨使用无线电控制器与远程控制车辆进行通信，这套设备不仅可以用在万圣节道具上，还可以为各种不同角色的机器人提供运动能力，其中与客人的直接交互最令人满意。

　　这个项目在我的待办事项清单上出现了相当长的一段时间。其他人都是使用无线遥控车来吓人一跳，但是我想要对它进行改进。我已经利用了几个蜘蛛制造恐慌，包括一只冲刺型吐痰蜘蛛，还有一只会从它的栖息之地即我的前廊顶发起攻击。能够在适当的时间部署几只，然后在实际中追逐我所选中的恐慌的"受害者"真是其乐无穷！

　　你们中的有些人对于使用无线遥控车辆已经有了经验，可能已经拥有进行此类项目组装的许多元器件了。但由于这是我首次涉足这一领域，所以我不得不东拼西凑来完成拼图。

　　有各种可用的控制器，但是我选择了一个相当简单的模型。它可以满足这个应用所要求做的所有事情，因此我并没有觉得有任何理由去使用一个更为复杂和昂贵的设备。我选择的模型是 ServoCity 的四通道 Tractic TTX410 系统（请参阅参考资料），它配备了一个接收机，不到 80 美元的价格，非常适合我。

　　因为我是从头开始进行这项制作的，我可以选择一个恰到好处的平台。我发现我寻找的一种新的机器人底盘也是由 ServoCity 推出的，当我看见这个机器人套件时，我确信我找到了可以满足所有需求的东西。它们提供了很大的平台，可以放入我想添加的 Actobotics 组件，平台提供

机器人 DIY

的电机和轮胎，使它们在各种地形上都有卓越的性能。

如果只有一只大蜘蛛在街上追你是不够的，我还希望它能抬起它的头部。为了实现这个功能，我需要既能可控，又能提供所需的扭矩来抬升蜘蛛的头部。虽然伺服可以给我想要的这种控制性，但它缺少我所计划的用于此类项目的、必不可少的转矩来抬升蜘蛛。这导致我决定使用一个直线伺服 —— 自从我第一次看见它们就像试一试的东西。

我也想在它的嘴中增加可动的部件。再一次，我发现我所要的正来自于 ServoCity，他们有几种不同型号的夹持器可供选择，而且可以完美满足我的要求。夹持器使用一个标准的伺服，并且也可以使用无线控制远程激活。

如何启动项目

我们为这个项目选择的基础平台是 ServoCity 新的 Scout 机器人套件。虽然它确实是由许多未组装的零件组成（图 1），但得益于其完善的在线教学视频，组装过程快速而顺利，而且并不需要一个完整的工具包，因为它只需要几个六角扳手就能组装起来了。

图 1 愉快的从 ServoCity 的底盘产品开始

经过和凯尔（Servo City 最好的技术人员之一）的一番建设性的交谈之后，我们决定使用

Pololu 电机控制器（图 2），一共需要两个：一个用于右侧的电机，另一个用于左侧的电机。我还在电机上装了一个齿轮电机输入电源板，它们可以轻松地实现电机的换向和极性变化（如果需要的话）。然后再用各种各样的电线连接器和扩展板将剩余的东西连接到一起。

图 2 添加到底盘上的 Pololu 电机控制器和接收机

让我的宠物能因人而动

通常情况下，我不会考虑把无线控制器包含到一项设计中。不过，具备实时控制一个角色的能力自有其优点，这可以让我能够选择我的预定恐吓目标，至少他们要能够接受这种突如其来的吓人的东西。确实有着很多的年幼孩子们访问我的活动地点，我感觉这种类型的道具对于他们中的有些人来说未免过于恐怖。而现在，我可以让蜘蛛先躲起来，直到有一个合适的"受害者"到来。

使用 Pololu 提供的简易马达控制者（Simple Motor Controller）程序可以很轻松地设置这种控制器，我只是进入程序将缺省设置从 Serial/USB（串口 /USB）改成了 RC（遥控），其他设置项就直接使用 Quick Input setup（快速输入设置）快速通过了。当设置完成之后，就不需要再进行设置了！

我构建好框架，并使用控制器让电机运行起来，现在可以带着它出去兜风了。我冲到外面并迅速地让它在人行道上加速和减速，我很兴奋地看到，它运行的很精确，正如我所计划的那样。当然，我仍然需要去添加抬头和咬合的机构，还有蜘蛛的身体。我迅速地推算这些将要添加的组件的总重量并用加装到底盘的同等重量的铅块代替，现在是时候来测试并确认一切没有问题了。我向前一推油门希望它能再次快速下到人行道，但非常令人失望！它动了，但现在即使是小孩也可以从它的"魔爪"下逃脱了！

现在，只能再次回到画图板前想法解决这个速度问题。在没有加装重量之前的裸露平台的速度和敏捷让我非常的满意，我可不想牺牲它的灵活性，因此有些东西必须要放弃。

我们需要更多的能量

我的结论是有两个选项摆在我的面前，要么增加更大更强劲的电机，要么就显著减轻负载的重量。我希望我所选择的无线遥控平台可以拥有承载所有的额外重量的能力，这种不切实际的期望证明我在使用这种新的基座时还有很多东西要学。我现在对于 BattleBot 的设计者们更加尊重了，要知道他们可是在包含了所有的钢结构和武器之后，还能设法搞出一个快速的机器人出来！

我仍然相信 Scout 机器人套件能够胜任工作，但是我需要大大简化我的设计，以将总重量控制到我期望它能够承受的范围。这需要按比例缩减尺寸，并消除蜘蛛的所有脂肪。

最初的计划是使用我手中的许多蜘蛛中的一个，这样可以节省点费用，也可以加快制作过程。我选择的蜘蛛非常大、看上去很凶恶，这个外观在后面给我提供了参考效果。不过，由于它包括了一些钢筋，这增加了相当大的重量。它还有一个柔弱的泡沫身体，这使得它很难在不碰到移动部件的情况下被安装到这些机构四周。

之后我进行了广泛而毫无结果的互联网搜索，试图找到一个合适的替代品。当最终结果还是两手空空的时候，我决定去尝试请我的妻子来帮助我构建一个自定义的模型，事实证明，这是我的问题的最完美的解决方案！

在我们开始构建蜘蛛之前，我又看了一眼要使用直线伺服让蜘蛛的前面部分抬起来的计划，如果我想要让它更轻的话，是不是还有其他的选项？我将 ServoCity 的 Actobotics 产品线中的伺服驱动齿轮箱用于铰接的身体已经大获成功，我想它应该有足够的扭矩来抬升身体了。现在我已经使用了一个更轻的蜘蛛取代了我的原始计划，我将它装起来，附加上给升降臂的重量，再对它进行测试，它载着这些重量行驶如飞，而且还有个附加的好处：它需要的能量更少，这可以让我的电池的持续工作时间显著增长。

现在是时候来制作框架了，框架上应该有可以安装齿轮箱和夹持器的槽钢。我开始使用两根 30.5 厘米的槽钢并将它们切到我满意的程度。这些都是简单地使用铰链连接，所以它们的活动范围可以很大。当我使用 6/32 螺纹杆和球头连杆确定了安装点之后，将齿轮箱上的伺服臂连接到上面的槽钢就很容易了。最后，我围绕伺服制作了一个保护结构，让蜘蛛的身体装上去后不受机械结构的影响。

夹持器套件是一个组装单元（再一次的，感谢简单易学的教学视频），仅仅几分钟后，它就准备要择人而噬了（图3和图4）。

图3　完成了的头部抬起装置和夹持器机构

图4　底盘涂成了黑色，静待身体

抬起装置和夹持器是由控制器上的左操纵杆控制的，而轮子的方向是由右操纵杆控制的。

接下来我找了一些白色的泡棉塑料，并将它们按照需要的尺寸弄成头部和身体的形状，身体（图5和图6）的内部需要刻出大型的型腔以放入抬升头部的机构。我切了一些铰链连接的张拉钢丝作为蜘蛛的腿部，并用 ProPoxy（丙氧基）20 将它们固定在槽钢上。最后我的妻子用合适的毛皮覆盖住蜘蛛的身体和它的钢丝腿部，让它的外观看上去恰到好处。

图5　泡沫身体开有型腔用于容纳抬升机构

图6　看上去就像一个雪人，需要一些皮毛

添加的一对红色 LED 眼睛让它拥有了一个充满邪恶的眼神，从而大大增强了整体效果。我还在夹持器上增加了一对绿色的 LED 灯，让它们的运动可以被看见。另一对红色的 LED 位于底座的下面，它们发出幽灵般的光芒。我简单地将无线接收机使用的电池组绑了起来，这可以让我少了一些需要操心的事情。让一切尽可能的简单，这样就出乱子的机会就更少（图 7）。

图 7　皮毛和 LED 已经安装好了，准备出去猎食！

我听不到你

这个蜘蛛不应该在沉默中爬行！最后一步是通过增加一个音轨让它的等级再度提高。现在，我知道蜘蛛并不会真的发出许多声音，但是好莱坞的电影已经引导公众这么期待它了，我也只能在误导的道路上继续走下去！我能从一个免费的 Web 站点（请参阅参考资料）下载各种昆虫的声音，这可以让我选择几种不同的声音并将它们合成为一个音轨。我使用了一个来自 Electronics123（请参阅参考资料）的简单的录音设备（图 8），它包括一个喇叭、触发开关和一

图 8　来自 Electronics123 的简单的音频播放器

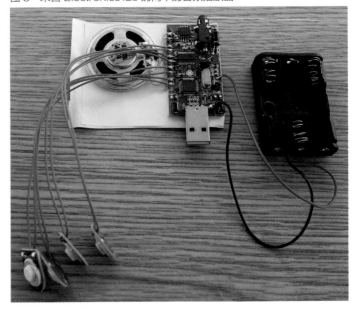

个电池组。有了它之后，后面的如何载入我在 Audacity（请参阅参考资料）中准备好的完整的音频就是一个简单的过程了。

为了减轻重量，我决定使用小型的板载扬声器组成的播放器，而不是另外添加一组喇叭。声音质量不算很好，但对于我的目的来说足够了。播放器包括了复读的功能，所以我只要触发它，就可以自己运行下去就可以了。

它活了

赋予这个家伙生命，让我玩的十分愉快（图9）（已经完成的视频链接可以在本文的链接中或者在我的网站上找到）。虽然这不是一个十分复杂的项目，但它实现了我的目标，即去探索技术并确定技术对我们的目标是多么的有用。它也让我可以尝试一些新技术，并可以玩一些以前忽略的非常酷的玩具。我逐渐熟悉了电子电路，并且现在对于如何更好地集成一个系统有了进一步的理解。

图9　看上去像一个潜行的鬼怪

最终，我们将要使用无线控制器来制作一些角色的活的木偶 —— 就像他们在拍摄电影时所做的那样。

我很想尝试的另一个项目是给一个关节手臂附加一个夹持器附件，然后我使用无线发射机来控制它去分发糖果。如果把它和一个麦克风集合在一起的话，我就可以控制角色去说话了，当我使用它分发万圣节糖果的时候，还可以和那些上门恶作剧的小朋友对话。那么，它就成了一个互动的角色！

在玩了这个之后，我能够理解为什么制作格斗机器人能让人变得如此上瘾了，这其中的乐趣

真是太多了！

Quantity	Description	ServoCity Part #
	蜘蛛配件	
1	Scout	637138
2	Motor controller	605060
2	9.6V battery	HCAM6367
1	Wireless controller	TACJ2410
1	HS-485HB servo	33485S
1	Hinge	585644
2	12" channel	585454
1	HS-5685MH servo & gearbox	SPG5685A-CM
1	6/32 threaded rod	98847A007
1	Gripper	637094
1	Battery adapter	FBL-TAM
1	Battery charger	44165
1	Servo linkages	585432
3	Screw plate	585430
2	Servo leads	MM2204S
2	Servo extensions	SE2218S
1	Clamping hub	545352
1	Servo lead	FSL-2206S
1	Screws	632108
3	Channel mount	545360
4	Input boards	605118
2	JST extensions	607016
4	JST extensions	607010
2	JST leads	JST-22M
2	Channel bracket A	585484
1	Aluminum beam (package of 2)	585416
1	Y harness	SY2424S

参考资料：

SeroCity — www.servocity.com

Electronics123 的音频板 — http://tinyurl.com/pbdjmy6

Pololu 的 Simple Motor Controller — http://tinyurl.com/osmoz67

声音下载 — http://tinyurl.com/puavabc

Audacity 的音频编辑器下载 — http://tinyurl.com/qmn3q

我的网站 — www.halstaff.com

从零开始构建机器人

Steve Koci 撰文　邱俊涛 译

此前我们一起学习了如何使用基本的技能，用那些在本地五金店就能买到的器件做出点东西来。现在，我们回过头来讨论制作机器人的一些基础知识。我知道，对于高级的老手来说，这里的内容有点过于简单，不过我还是建议你看一看，没准你会发现一点有用的知识呢。我们会讨论一些术语，还有一些备选项。我会推荐你一些资源来确保你在正确的方向上，我们还会聊一些工具和材料，这样你可以串起来帮助你后边的制作。在本文中，我们会讨论一些物理上的施工方式，然后关于"大脑"的构造会放在《机器人爱好者（第 3 辑）》文章中。

那就开始吧

如果把构建机器人的过程分解成独立的组件的话，你就会发现其实并没有什么魔法。我一直认为，对于任何一个工程，最难的其实是迈出第一步。

一旦开始，当你完成了一个个独立的任务之后，整个项目似乎自然而然就完成了：在你觉察到之前，你就已经完成了整个工程。在计划你的项目时需要考虑众多因素，这里列举了一些你需要回答的问题：

- 我为什么要做这个和我到底想要做个什么？
- 让它工作需要多少器件？
- 它只是每年只会用几次的一个节假日装饰品吗？
- 它是一个一次性的学校作业还是可以用来做演示项目提案？
- 它是一个会在商业环境中使用一段时间的产品吗？
- 它会被当做儿童玩具那样，要求更严苛的环境吗？
- 我在金钱和时间上的预算是什么样的？
- 我有没有需要的技能，或者说我需要学习新的技能？
- 有没有人已经把我想要的做出来了，或者我需要从头设计和实现？

花点时间去网上找找看有没有其他人已经做过了你想要做的。大多时候，你会发现很多有用的信息，这会节省你大量的时间、精力和金钱。我通常会惊讶于有如此众多的信息可供使用。文章、论坛中的问题，甚至是视频中介绍的细节可以加速你的设计过程，同时还能避免重复发明轮子。

调研的时候，确保你将发现的那些有趣的东西都收藏起来，即使和你当前的项目没有直接关系，未来的项目可能因此而获益。另外，这些看似不相关的东西可能会触发新的想法。

谁看见我的电钻了

在开始之前，你就有很多要做的事情。先清点一下你手头的工具，然后看看你是不是要买点或者借点新的工具。第一次的时候，这个过程会产生很多花费。

除了手头的工具，我发现最有用的是电磨。各种各样的可用配件使得它成为了一个无价的构建伴侣。不论是我给电枢做一个托架，还是切割一块铝材，或者从塑料头骨上移除一部分原料，它都是我的首选。我的工作台上就有一个长期插着电，并且装了软把柄的电磨。当我去外边工作时，我还有一个用电池且自带充电器的电磨。

我的 Dremel[①] 旁边是两个电池供电的电钻。一个用来钻孔，另一个用来上螺丝，这两个工具可以大大提升我的工作效率。除了这些，另外还有一些其他的刀头。

我工具箱里的另一个很有用的工具是热熔胶枪，我知道你在想啥。在我们的作品里怎么还会有热熔胶的位置？你可能是对的，我用热熔胶主要是将一些初始的原型拼接在一起，它可以提供比较坚固的带子，以便我在使用永久性材料前进行各种配置的测试。如果后边不需要了，你可以很容易地移除它，或者用酒精擦除。

在焊接之前，你得买一个电烙铁并且学习如何使用它。不论是延长为你的设计供电的电线，或者焊接一块电路板，迟早你得学会如何焊接。Youtube 上有很多很好的教程，我已经把我最喜欢的放到了其他资源部分（本章的开始处有一个很好的关于焊接的基本技术的系列教程）。

开始你的第一个项目时，要从小做起。很酷炫但是很复杂的项目看起来会很诱人，但是如果没有按照预期的工作的时候，却会很打击你。要选择那些能充分用到你当前技能集的项目，这样可以最大化你完成它的可能性，没有什么比成功更能建立信心的了。

[①] 译注：博世公司的一款电磨。

不同的好建材也可以让整个过程更加顺利。下面列出的是我最常用的物料。我们会逐条地讲讲它们的优劣势，看看在什么场景下应该如何做选择。

让我们开始吧

构建你的机器人骨架时，你需要选择物料。需要考虑的因素包括，强度、重量、硬度、价格、耐用性以及易用性。当然，安全性总是放在第一位的。

泡沫芯材

在做不同设计时，泡沫芯材是做原型和体验的绝好选择。它非常便宜，并且易于裁剪，而且还提供足够的强度来做一些轻量级的概念验证。

PVC（聚氯乙烯）

尽管塑料管可以在一些轻量级的、无需太多扭力的设计中使用，不过我个人仅仅在原型期间使用它。塑料管和配件很便宜，而且可以在你附近的五金店找到。它们非常易用，而且可以随便自由调整。不过它的强度和硬度都不够，如果你要在最终的设计中使用它，你要仔细考虑了。要记住，整个系统的健壮程度取决于最薄弱的环节。我曾经在一个低扭矩马达的项目中成功地使用了 PVC，并且得益于刚性低的特点，还为整个设计加入了额外的动作。

图 1　产自蜘蛛山道具厂的 1 寸 PVC 接头

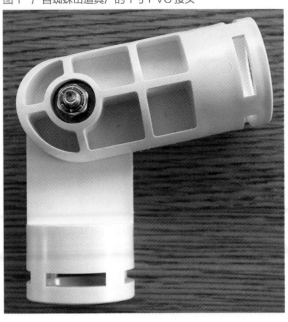

我个人更倾向使用灰色的导管，而不是白色的暖水管。因为灰色的更便宜，而且还自带了一个连接器。另外暖水管的所有配件也都能在导管上使用。

如果你要在最终作品里使用塑料管，你需要把各个部件的链接处固定起来，如图 1 所示。传统的方式是用胶粘起来，不过我更喜欢自攻螺丝。这样我可以很容易地做修改或者修理时拆解，如果不再需要，我可以将它完全拆成零件，这样在别的项目上还可以重用。

木头

在你的制作中使用木头，这在有些场景下都是可行的选项。木头也很容易使用，而且我们大多数人都对它的特性非常熟悉了。它在几乎所有的五金店都能找到，而且我们大多数人甚至在车库里都有很多木头。我敢打赌，你已经有很多用来将木头料做成合适部件的工具了，即使你现在手头上没有，它们都不贵，而且在尺寸和档次上，可选的范围很广。

不过使用木头也有它的缺点。你需要将其密封起来，以防止变形或者腐朽。木头上的洞在使用过程中会逐渐变大，从而导致一些动作变形。为了获得足够的强度和刚度，你经常要使用更大的木材，但这又会增加重量，如图 2 所示。更多的重量往往意味着要获得预期的结果的话，你需要较大的电机或更高的气压。

图 2　由木材和抽屉滑轨制作的装置

尽管用螺丝很有诱惑力，我还是建议你尽可能使用螺母螺栓。特别是活动的部件，螺丝很容易松掉并导致问题。如果你不得不用螺丝，请确保其在强度和质量上都是足够的。

虽然板墙螺钉非常好用，但是它们只能在原型开发阶段使用。在构建你的最终产品时，请换掉它们。我自己曾经违背了这个规则，在一个气动部件中使用了 3 个螺钉，然后成品就持续了 2 秒，接着只好做了大量的修复工作，千万别这么做。

铝材

鉴于它的多功能特性，这可能是我用的最多的原材料了。即使你手头没有什么高级工具，用最常见的工具也可以做出很好的结果来。铝材的健壮性可以适配大多数场景，而且由于铝材很轻，相比于其他重型材料，只需要更小的马达就可以提供足够的动力。

铝材和钢材都可以在大多数五金商店买到，不过我建议你去距你比较近的金属零售商店。幸运的是，我住的地方周围就有一个，这样当我缺少原材料时就可以开着货车去拉。这能省不少钱，而且尺寸、形状、厚度什么的可选范围更广一些。

钢材

有时候，除了钢材外你别无选择，在我的几乎所有的气动系统中，我都使用了钢材。当你期望一个可以防止气动系统产生的作用力，它可以提供足够的支撑。在构建大型的项目时，我也会选择钢材。在满足足够的刚性而又不引入额外的支撑的场景下，钢材是唯一的选择。

你可能会问：既然钢材那么好，为什么它不是你的首选呢？原因有二，其一，它太重了；其二，它需要专门的工具和技能才能为你所用。很多时候，钻孔和螺纹就可以将你的作品组装起来，但要学会了焊接会很大程度的提升你的作品。很多社区同人和本地开发社区都提供焊接的课程，这无疑会降低学习难度。

给钢材钻孔非常具有挑战，相比手钻，台式钻床会显著提升效率。不论用哪种钻，确保你用一些润滑油，这样不但可以延长钻头的寿命，还可以更容易一些。

我的另一件处理钢材的工具是便携式带锯，即使预算有限，你仍然有很多选择。一旦要切割钢材，我就会用它。它大大简化了整个过程，我现在都忍不住想要切割点什么，它简直削铁如泥。

怎么样动起来呢

DIY 中最常见的动力方式包括舵机，电机和气动设备。虽然还有其他选项，不过我们还是留到以后再讨论。

那如何选择呢？让我们先来看看各个选项，以及他们各自的适用场景。

舵机

特别是针对本书的读者群体来说，当我们要给项目添加动作的时候，应该优先考虑的设备就是舵机，如图 3 所示。可以精确控制移动位置的能力，外加广泛的可选的型号，使得舵机成为了制作者们的梦寐以求的设备。来自 ServoCity 的 Actobotics 的零件使得我们可以将不同的舵机以一种前所未有的方式组合。现在，不用花费数小时来挑选和购买不同的零件，我可以迅速的找到我想要的。大幅度的时间节省是一个极大的好处，而且可以让我自由的构建出我想要的东西米。

图 3 装在塑料头骨中的舵机

这里给出了一些对照表，使用它你可以对比不同型号的舵机：

www.servocity.com/html/hitec_servos.htmlHitec 对照表

www.servocity.com/html/futaba_servos.htmlFutaba 对照表

有这些表来帮助你决定那些型号是你所需要的。对于轻量级任务，我的首选是 Hitec HS-425BB，这也是我在很多演讲和示例项目中使用很多的舵机，价格公道，是一个很好的入门选择。如果它没法完成任务，那我会选择一个扭矩更大的。

如果你对"扭矩"这个术语不熟悉的话，它表示一英寸的力臂上的功率，单位是盎司 / 英寸。不过到目前为止先不要太关心这个，只管用它来做对比即可。对比的时候，请注意速度是按照秒来计算的，也就是说，数字越大，舵机越快。

图 4 雨刷电机制作的摇椅

电机

挑选电机时你有很大的选择空间。交流电机不需要什么特别的电气知识，即插即用。我大部分时候用的都是直流电机，差不多都是 12V 的。电机在速度和力量上有很多种不同的选择。在汽车中的不同的电机会特别有用，比如说雨刮电机，如图 4 所示。它们可以用作其他零件的基座，提供很大的扭矩，通过不同的接线方式来改变速度，大多数还允许你通过降低电压来得到较低的速度。

我买雨刷电机的时候，通常会连着线

一起买，如图 5 所示。它自带了一个合适尺寸的连接器，这样可以很容易和电源连接起来。买电源的时候，需要买提供足够电流强度的。建议你使用至少 5 安培的电源，以免出现电力不足的情况。

我还发现，对于更小的电枢来说，那些小一些的电机更也很好用如图 6 所示。请仔细阅读规格说明书，特别是对那些会持续工作，而且不会过热的电机。大部分电机的都不是按照可以持续工作而设计的，在切换的时候会有停机时间。

气缸

当构建需要强劲动力和快速活动能力时，你需要空气动力的帮助。使用空气动力的灵活性可以解决很多潜在的问题。气缸有很很多不同的长度，动力可供选择。如果你需要

图5　一个良好的雨刷电机套件包含这些部件（可以在这里买到：www.monsterguts.com/store/ product.php?productid=17760&cat=3&page=1）

更强的动力，你可以扩大气缸上孔的大小，或者加速空气压力，如图 7 所示。

图6　给圣诞节驯鹿用的可以前后移动手臂的 110V 电机

使用气缸上的流量控制也需要做一些调整，要保证气缸在压缩和弹回的速度是一定的。一旦决定使用气缸之后，你可能需要考虑购买一个套件来保证所有组件可以一起工作。我建议你使用一个五口四通电磁阀，因为这是最通用的，如图 8 所示。你可以随时将需不要的端口堵上，但是有个选择总是好事儿。

图 7　可以四周移动的单排气孔马达　　　　图 8　使用磁铁来移动显灵板的单孔马达

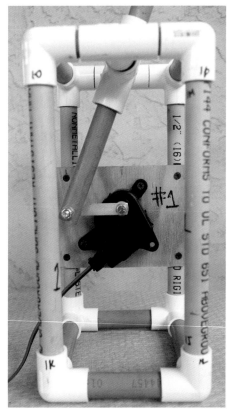

另外，当购买气缸时，我一般都会选择双向气缸，因为空气压力可能需要向两侧提供动力。它们比单向的需要更多的空气，不过作为补偿，提供了更多的灵活性。

你还需要选择安装风格。可以直接使用固定模式的，不过我建议你使用后枢轴模式的，这样在和 U 型附件连接时可以获得最大程度的适用性。

最后，你需要决定使用交流电还是直流电。我个人倾向使用 12V 的直流电，不过也可以选择 24V 的直流电和 110V 的交流电。

在购买器件时，我不但会考虑当前项目的要求，还会考虑对未来的项目更有用的要求。我不停的拆卸用不着的模型，这样可以重用它的零件，也可以节省我很多时间和金钱。

其实这里也没有什么魔法，想在一开始就把所有事情都做对会吓着你。一旦你组装起一个套件，并且可以自由的使用空气动力系统，下一次就知道要买哪些材料了，如图 9 所示。

图 9　可以挥手的圣诞老人，视频请看这里 www.youtube.com/watch?v=NLeOjiqUM6w

这不是我想做的

你决定了设计，找到了材料，选定了合适的设备，在你的工作坊里将设计变成了现实。

恭喜你，你已经完成了第一个版本。是时候启动它并享受你的成功了，不是吗？或许吧，不过大部分时候，结果和你设想的总会有点不一样。

即使花费很多时候来调整和修改设计才让它可以按照预期工作，也别气馁。通常我在这个阶段花费的时间比如构建过程中其他阶段都要长。不过它也是快乐的一部分。

结语

机器人的设计和制作是一个非常有益而具有挑战的任务，希望我上面的那些话已经打动你了。

不论你的制作是简单还是复杂，完成的每一个小项目都会增加你的信心和你的技能。

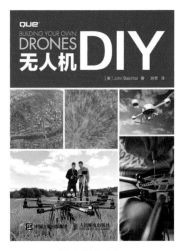

无人机 DIY
书号：978-7-115-41098-6 定价：59 元
无人机 DIY 一册通，无人机发烧友的典藏版本，
无人机入门者的启蒙导师

动手搭建智能家居系统
书号：978-7-115-41680-3 定价：45 元
一本介绍智能家居及其实际应用的实践指南

智能家居产品 从设计到运营
书号：39645 定价：49 元
中国原创的智能家居行业产品经理与运营人员的实务手册

构建更好的机器人：弥补薄弱环节

Russ Barrow 撰文　邱俊涛 译

在构建任何机器人系统时，系统中的所有零件的可靠性和性能都要调整到最佳。即便是最简单的失误，如松掉的螺丝、裸露的电线，或者疲劳的电池等都会使原本最优秀的设计变成一团糟。

一个原本被忽视或者被假设为可靠的组件，可能在最关键的时刻掉链子。

使你的机器人移动的有刷电机就可能会是一个薄弱环节。直流有刷电机是大部分移动机器人的传动系统。他们非常容易使用，只要你通电，它就能动。

这种易用的器件由一个小的石墨/金属刷，通过弹簧连接的换向器（有刷电机的中心旋转部件）上的换向片（形成一个圆圈的，呈弧形的三段铜线圈）组成。

图1展示了一个基本的直流有刷电机。

电刷通电之后，电机通过换向片传输电流，然后通电导线产生磁场。而围绕在换向器上的固定的永久磁铁产生的另一个磁场会互相排斥（同向相斥），这样电机就转起来了。

当电机转起来之后，换向片上的另一块线圈又会被充电，只要有电流输入，电机就会不断重复上述的动作。换向器和电刷的接触点就是这种电机的薄弱环节。

图1

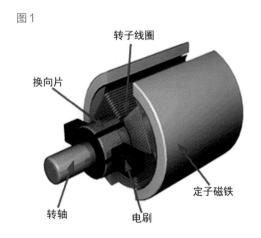

转子线圈
换向片
转轴
电刷
定子磁铁

最明显的问题是电刷和换向片表面的磨损。每个换向片之间都有一个缝隙，电刷在通过这个缝隙时会被磨损，当电流从一个换向片过渡到另一个时还会遇到电弧。

这个电弧会蒸发或者融化电刷和换向片的材料。电弧发生之后，电刷和换向片的表面变得更加粗糙，磨损随着刷子的弹跳也相应的更加严重，这又会导致更多的电弧。

有刷电机更严重的问题是弹簧支撑的电刷和热绝缘的电枢都很脆弱。比如一个冲击使得电刷破裂或者折断，电刷剩余部分的粗糙断口可能会插入到换向片间隙，然后继续断裂。这个碎片很可能会卡住正在旋转的电机，导致电机短路并浪费大量电流。

另外一个问题是电刷的快速磨损会产生很多导电细尘，并堆积在换向片之间的缝隙里，短接在一起。这会导致多个换向片同时充电，电机效率降低，而且线圈会变得非常热。

可不仅仅是磨损那样（顶多就是电机不能正常工作），毁坏的电刷或者换向片会破坏控制器、电池，烧着的绝缘线还会毁掉电机本身。

好在除了有刷电机之外，我们还有其他选择。随着低成本控制器或者 ESC（电子调速器）的流行，无刷电机变得非常流行。不像有刷电机（属于机械换向），无刷电机通过被 3 个独立的被卷绕在定子与定子内部旋转的转子（称之为内转子）或者在定子外有一个旋转的柱状圆筒（称之为外转子）的线圈供电而控制。

图 2 显示左边是一个内转子，右边是一个外转子。尽管在外观上来看两个电机差异非常大，但是它们在换向机制上是一样的。

要控制无刷电机可不简单，专精于无线电刷控制甚至需要有对应的博士学位。不过对我们来说，很幸运的是，它可以归纳为 3 类控制：伺服控制、有感控制的和无感控制。

图 2

基于伺服的控制依赖于一个解码器来提供位置信息、速率和转子的加速度。有了这些数据就可以通过很复杂的数学计算来精确的控制速度和扭力，或者精准地将转子转动到任意角度。

最简单的传感器控制需要至少 3 个霍尔效应传感器（可以探测到磁场的非接触传感器），来粗略地定位转子的磁场位置，然后改变施加的电流频率。

无传感器控制通过随机的给 3 个线圈中的一个充电，在探测到另外两个线圈周围磁场的变化之后，控制器将这些变化以电压的方式读取。这通常称为反电动势（反 EMF）。这定义了转动方向，控制器可以通过按顺序给线圈充电来获得想要的转动方向和转动速度。

对于大多数机器人应用（特别是有轮子的），我们主要采用有感无刷电机或者无感无刷电机。有感无刷电机可以产生更强的扭力。霍夫传感器可以提供转子对负载的响应反馈。因此，控制器可以通过变换频率和电流来匹配需求的惯性和扭力。

无感无刷电机提供的扭力比有刷电机和有感无刷电机、伺服电机都要低。因为它只有很少的转子位置的反馈信息。如果惯性太大，会导致转子在被驱动时延迟线圈产生的磁场，从而停止转动或者在启动时失去效率。

图 3 展示了一个常见的内转子有感无刷电机。

图3

对于小型的、对重量敏感的机器人应用，电机大小和控制器的重量的限制会导致更偏向于选择无感无刷电机。由于启动扭矩有限，电机还可能反转，因此电机必须和负载匹配。一般而言，要么在启动时将电机和负载解耦，要么通过变速器或者其他减速方法来增大扭矩。

转动轮子时，想要获得更好的控制需要更大程度的减速。因为不论无感电机还是有感电机，在低于 100-200 转时都会失去平稳。

我自己的战斗机器人 Dark Pummerler，用的是一个外转子无感无刷电机和一个可逆无感无刷控制器。这个电机的最大速度可达 27000 转 / 每分钟，但是我能测量到的、最低地可持续的速度大约是 3000 转 / 每分钟，如图 4 所示。

图 4　展示了为了进行驱动器测试，我去掉了它的外壳

低于这个值之后，电机会反转、抽搐，然后上下旋转。

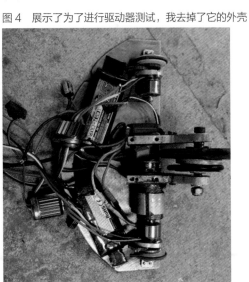

在控制器尝试执行一个启动转动序列，还有诸如无线电控制死区（中间区域）、反电动势检测、最小扭矩。最开始，我用了一个很小直径的轮子，并且使用了很小的扭矩。这样机器人具有良好的中 / 全速扭矩（转动轮子），并且快的几乎失控。不过，低速下机动能力很糟糕。

这个机器人老是在前进时偏离中心，并且在转弯时转弯过度。为了解决这个可靠性问题，我又搞出米个控制问题。找可以很容易地在高速和更好的控制间做平衡，所以一个变速箱应该可以解决两个问题。

最近，我在和这个机器人作斗争，除了控制问题还遇到了很多其他问题。包括安装一个 O 型

圈在塑料轮毂上以便车轮获得更大的牵引力，在两次比赛中，O 型圈都松掉了，并且缠住了轮子。要是用有刷电机的话，我没准会毁掉控制器和电机（可能还有电池），停机的电机会消耗大量的电流。

用无刷电机和控制器，我修复了这些问题，并且可以继续挑战。我将继续精细化我的设计，并尝试弥补更多的薄弱环节。

智能路由器开发指南
书号：978-7-115-43085-4 定价：59 元
OpenWrt 嵌入式 Linux 智能路由器开发的必读指南

Android 传感器开发与智能设备案例实战
书号：978-7-115-41474-8 定价：108 元
一本贴近实战的传感器和智能设备开发指南

Android 智能穿戴设备开发指南
书号：978-7-115-38163-7 定价：99 元
全面学习智能穿戴设备开发的核心技术

05 机器人最新资讯

机器人最新动态报道

Servo 撰文 赵俐 译

超级探测球机器人

NASA 的超级探测球机器人 (Super Ball Bot) 恐怕是有史以来最奇怪但最有效的创新机器人设计之一。它是一个仅靠线缆加支撑棒设计的张力拉伸结构球。仅依靠外观，很难把它和机器人，更不用说太空探测联系起来。目前 NASA 的埃姆斯研究中心负责该项目，该项目是 NASA 的创新先进概念 (NIAC) 计划的一部分。

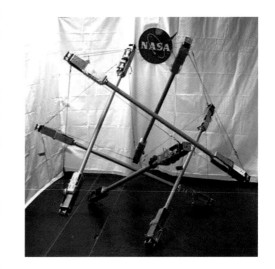

这款机器人所采用的整体张拉结构的主要优点在于，整个结构的受力分布很均匀。机器人各元件之间没有刚性的连接，容易打包和组装。在运动过程中发生碰撞后，单点的受力会分散到整个结构上，从而将破坏性的力量分散并均匀吸收。这就意味着，机器人能够在降低质量的同时，保证结构稳定性和抗压性，而这正是太空任务中所需要的。

超级探测球机器人的结构还是可调节的。通过增加或减少线缆网络上的张力，该机器人可从近刚性结构转化为一堆契合的弹性支撑柱。这些线缆和支撑柱就像是机器人的肌肉和骨骼，通过内部的马达，可以调节线缆拉力，通过有效地掌控线缆长度，让球体变型，就能使得机器人移动。

说超级球能滚动可能有些夸张，但它确实能够向任何方向移动，在崎岖的道路上行进也难不倒它，甚至还能爬山。如果你破坏了机器人身上的任何部件，基本上也不会对它的移动造成太大影响，即便其 75% 的驱动器不能运作或者甚至部分线缆卡住，也不会令机器人瘫痪。

UAV 降落模拟演示

SUPERBall Bird — 防坠毁飞行

在过去一年左右的时间里，NASA 一直致力于改进该机器人，研制名为 SUPERBall 的一个更大更复杂的版本。SUPERBall 内部有 12 个驱动器（最终的设计目标是 24 个），这就能使机器人的行动更敏捷。同时它也足够大，能够运载一些科学仪器，便于了解最新研究进展，而且它采用模块化设计，能够测试不同的结构配置。

从长远来看，像这样的机器人非常适合于探索像土卫六这样的地方（土星最大的卫星），那里的大气和相对较低的重力意味着可以从轨道上直接将机器人丢下，而无需使用任何额外的助降装备，而且它将毫发无损地着陆。

治疗机器猫

ustoCat 是瑞典梅拉伦达大学机器人技术研究人员与医疗研究人员合作开发并经过科学评估的一款治疗机器猫。他们在听取瑞典痴呆症患者用户和专业护理人员的反馈后，开发并测试了 JustoCat。这款产品的创造者认为许多人都有养猫的记忆，并将此与联想记忆方法联系起来，即使用过去的记忆。

JustoCat 的功能如同一只活猫。它能够呼吸并发出猫叫声。它的皮毛可清洗和拆卸，因此能够满足医疗机构的卫生要求。 JustoCat 可使患者舒缓情绪，是一款加强互动和沟通的工具。它用于辅助护理痴呆症患者和智障人士。测试和研究显示，患者和护理人员对这款产品好评如潮。

研制 JustoCat 的目的是丰富痴呆症患者的日常生活。JustoCat 的发明者 Lars Asplund 说，它可以改善患者的心理和生理健康，增强社会幸福感。梅拉达伦大学的研究人员 Marcus Persson 进行的一项初步研究表明，良好的心理工作环境对医护人员也具有积极的影响。

JustoCat 现已在欧洲市场推出，并通过 Robyn Robotics AB 公司出售和租赁。Robyn Robotics AB 公司由梅拉达伦大学的两名创新和研究人员 LarsAsplund 和 Christine Gustafsson 经营。这款产品目前已出售给瑞典和欧洲的多家健康和社会保健运营商。

Robotdalen 参与了 JustoCat 的研制并做出贡献。欢迎访问 www.robotdalen.se/en 了解更多信息。

机器人套件拉近孩子们与技术的距离

你可能没有听说过 BQ，这家西班牙公司是西班牙第二大智能手机制造商。BQ 生产各种款式的中端智能手机、平板电脑和电子书阅读器。但这并不是人们关心的。

为了鼓励孩子们成为下一代工程师，BQ 的首席执行官 Alberto Mendez 为孩子们制造了机器人套件。这些套件售价低于 100 美元，配备了各种电子元件，这样孩子们就可以自己设计和制造机器人。可使用桌面界面通过拖放进行编程，甚至可以设计和 3D 打印机器人零部件。

整个项目基于开源软硬件。Mendez 解释说，他要鼓励孩子们学习设计、编程和机械工程。让孩子们自己动手制作一个机器人，要比在教室里教孩子们数学和科学更能提高想象力和动手能力。

这些套件售价约为 80 至 90 欧元（90 至 100 美元）。访问 www.bq.com/gb/products/kit-

robotica.html 了解更多详情。而且它可以跳 Michael Jackson 的舞蹈：www.digitaltrends.com/mobile/this-robot- can-dance-like-michael-jackson-and-we- cant-stop-watching/。

动起来，百变星君

蚂蚁机器人是一种只有人类手掌大小的机器人，它们共同协作，可能会成为未来的工厂生产系统。

这款机器人的开发者德国的费斯托（Festo）公司表示，这并不单单是基于蚂蚁解剖学的仿生产品，而且还模仿了蚁群的集体智慧。

仿生蚂蚁机器人可以相互协作，协调它们的操作和行动以实现共同目标，这效仿了现实世界中个体为整个蚁群完成任务的方式。费斯托公司指出，未来的生产系统将由独立的智能组件组成，它们可以通过互相通信来协调自身行为并执行不同的生产命令。

蚂蚁可以通过互相协作完成个体无法完成的复杂任务，例如运输重物。

蚂蚁机器人装备了一个立体摄像头和一个地面传感器，这允许它们分辨方向并识别位于其"额头"前方的可抓取物体。这款机器人用锂电池供电，将天线对折，即可作为锂电池的充电接头。

其腹部的射频模块允许它们互相进行无线通信。像自然界中的蚂蚁一样，它们拥有 6 条有关节的腿。

费斯托公司指出，这款仿生蚂蚁机器人具有特殊的构造。其身体是用塑料粉末 3D 打印制作的，通过激光使其逐层熔化并凝固。电路也是在其身体上 3D 打印的。费斯托公司表示这些技术是第一次组合使用。

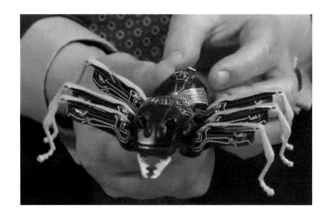

陶瓷腿和钳子是非常灵活的传动装置，可以快速、精确地移动并且耗能很低。费斯托公司指出，在仿生蚂蚁这样的微型机器人上应用这种称为"piezo"的技术也是第一次。

仿生蚂蚁是费斯托公司"仿生学习网络"的一部分。该公司一直致力于将自然现象应用于工程技术和设备中。

费斯托公司认为，未来的工厂必须生产定制的产品，这意味着他们必须根据不同的生产需求调整自己的产品。

机器人球童

CaddyTrek 是一款智能机器人高尔夫球童，它可以帮助人们携带球袋。CaddyTrek 使得高尔夫玩家可以空手行走，既能享受这项运动带来的乐趣，同时又免去了背包的负担。

减轻疲劳意味着选手可以更好地集中注意力处理好击球或短杆。有研究表明，行走可以增强体力和力量，对全身健康十分有益，可以燃烧卡路里并增强肌肉力量。对于那些不愿来回行走的玩家来说，CaddyTrek 可以帮助携带球具。现在你可以全心全意打球了。

可充电的锂电池充一次电可供玩家打 27 个洞或更多的洞。电池充电器可插入普通的家用插座进行快速充电，可折叠的车架使得这款机器人易于存放和携带。玩家可以将 CaddyTrek 放在汽车行李箱中。

CaddyTrek 通过多模式遥控器为玩家提供了多种选项。玩家可以选择遥控或跟随模式，也可以将其作为手推车使用。在摇控模式中，玩家可以将 CaddyTrek 派往 137 码开外的下一个球点，其最高移动速度可达 6.5 公里 / 小时。当玩家将遥控器拴在腰上并启动跟随模式时，CaddyTrek 跟随在玩家身后，保持 6 步的距离，并根据玩家的步幅来调整步速。

CaddyTrek 配备了玩家所需的一切，它包含以下配件：

· 1x － 24L 锂离子电池;

· 1x － 电池充电器;

· 1x － 远程遥控器;

· 1x － 遥控器电池;

· 1x － 一年服务和支持。

（是不是想立即冲出去买一台？！）

击剑机器人

这款机器人使用一对高速摄像头为其手臂提供立体视觉，它能够识别击剑对手以及自己的剑的位置和移动。一旦人类开始攻击，机器人使用定制算法来计算对手的剑的可能轨迹，然后使用自己的武器做

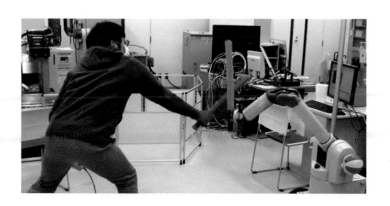

出有效的防御动作来保护自己。

这款机器人是由日本的 Namiki 实验室开发的。

他们对这款通过高速视觉控制的击剑机器人的评价如下：

"……我们开发了一个由高速视觉系统控制的击剑机器人系统，作为人机动态交互系统的一个范例。这个机器人系统可以同时识别人的位置和机器人手臂拿剑的位置。它可以利用测量转点的 ChangeFinder 方法检测到人类的运动。"

"接下来，它可以通过最小平方法预测人手中的剑的攻击轨迹。最后，它判断攻击类型，并做出相应的防御动作。实验结果证实了我们所使用的算法的有效性。"

我们真的很庆幸机器人的剑是用泡沫做的。

无人机也能使用鱼网

在韩国一家防御研究机构的资助下，韩国科学技术学院（KAIST）的一个机器人专家小组正在测试使用自主式无人机（UAV）来定位、拦截和干扰其他无人机。

KAIST 无人机系统研究小组（USRG）的负责人 David Shim 博士同时也是"现场机器人创新、探索和防御研究中心"（C-FRIEND）的领导者，他解释了这种研究和测试的意义：

"我们认为在不久的将来会有 UAV 与 UAV 之间的较量…我们在很多事例中发现，包括最近的'大疆无人机'误闯白宫事件，即使你知道 UAV 就在那里，也很难阻止它们。人们可以用步枪或导弹射击无人机，但对于枪炮或制导武器来说，它们太小了。因此，我们的解决方案是用 UAV 来阻止 UAV。常言道，以眼还眼，以牙还牙。"

Shim 和他的小组尝试了各种具有不同功能的无人机。其中包括装备了网的多旋翼无人机，可以撒网到敌方无人机之上以困住它们。他指出最大的挑战在于通过编程实现完全的自主操作，并使用机载视觉系统侦测目标 UAV。然后通过精准的撒网使其迫降。

这个仍处于早期阶段的项目的目标是研发一种 UAV，该 UAV 将能够作为反无人机防御系统的一部分来使用，并且在必要的情况下也能够发起攻击。在最近的一次演习中，Shim 设想了一个场景：他的 UAV 必须降落在敌方一辆火箭发射车上，而这辆车本身由其自己的 UAV 来保护。

在这个实验中，第一架起飞的 UAV 是一架固定翼无人驾驶侦察机 "eye-in-the-sky"，用于收集敌方情报。接下来，一群小巧灵活的 UAV 升上天空。这些小型 UAV 要执行两项任务：压制防御 UAV，以及护航更大的攻击 UAV（在真实战斗中，这样的 UAV 可能会运输一个带有炸药的小型地面机器人）。

DARPA 机器人大赛规则

DARPA（美国国防部高级研究计划局）最近发布了其机器人挑战赛决赛的最终规则。以下是机器人需要完成的任务：

1. 驾驶车辆（与预赛中同样的车型）。

2. 离开车辆（下车）。

3. 打开一扇门并通过。门朝里开（机器人推门）。没有门槛，门完全打开后，将保持打开状态。

4. 打开一个阀门（类似于预赛中的 3 个阀门中的一种）。DARPA 将使用一个直径在 10 cm 和 40 cm 之间的圆形阀门，逆时针旋转打开阀门。

5. 使用切割工具在墙上打一个洞（类似于预赛中的两种工具之一，墙也是类似的）。墙上将画一个直径约为 20 cm 的圆圈。切割操作必须完全清除这个圆圈之内的所有墙体材料。

6. 执行一项特别任务（直到决赛时才会公布）。此任务需要操纵但不需要移动。

7. 穿越废墟。要么穿过瓦砾现场（类似于预赛，清理瓦砾或穿过），要么越过不规则地形（类似于预赛）。

8. 爬一段楼梯（阶数和坡度都小于预赛）。楼梯左侧有扶手，右则无扶手。

神奇之花

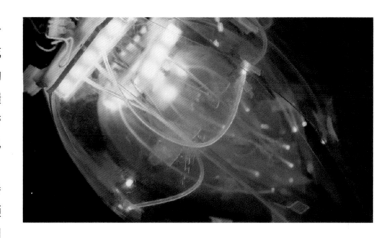

NeuroFlowers 是一个由太阳能供电的交互式电子花装置，它可以对人的大脑活动做出反应。这个基于生物反馈的艺术品使用一个 EEG 头带式耳机读取来自大脑头皮的电流，以确定不同的精神状态。然后再根据此信息来控制机器花的行为：张开花瓣和改变颜色。NeuroFlowers 的发明者 Ashley Newton 是一位研究认知科学的机器人发烧友。她说设计此项目的用意是帮助人们更好地认识大脑的思想。

"NeuroFlowers 是一种基于科学装置的互动艺术，它允许人们通过思维来控制机器花，从而呈现他们的精神状态。NeuroFlowers 是创建你自己'增强实境'的真实例子。你可以尝试高度集中精神，或者完全放松思想和身体，从而控制物理世界中的事物变化。"

她补充说："我确信，如果你能更好地认识并控制自己的思想，不管你做什么都会更有成效，而且你自己的感觉也会非常好。"

利用 NeuroFlowers，思想被呈现出来，变得具体化、可分享。要了解更多信息，请访问 https://neighborland.com/ideas/sf-neuroflowers-illumino-k。

自动浇水

正确养护草坪会让你的家变得更美。DropletRobotics 使这项任务变得更容易，它有一个智能喷水器，综合运用了机器人学、云计算和联网服务等一系列最新技术，在养护植物的同时还能节省水资源。

这个 6 磅重的机器人可以将水喷洒到 9 米开外，并收集来自 10000 多个气象站和数百万份土壤样本数据以及综合的生物学信息，从而在洒水时间、地点和洒水量方面做出明智的决定。这款机器在亚马逊上的售价是 299 美元。

信仰之跃

在机器人飞跃发展的今天，麻省理工学院的研究人员对他们研制的一款猎豹机器人进行障碍物识别和避让的训练，使其成为首个能够自主奔跑和跳跃障碍的四足机器人。

为了完成奔跑跳跃，机器人要像人类一样规划出路线：

当它检测到前面不远处有一个障碍物时，它会预估该物体的高度和距离。机器人计算最佳起跳位置并调整其步幅，在跨越障碍物之前积蓄足够的力量加速和跳起。然后机器人根据障碍物的高度施加一定的力量，从而可以安全着地，并恢复到之前奔跑的速度。

在跑步机上和室内轨道的实验中，猎豹机器人成功越过了 45.6 厘米高的障碍，这个高度超过机器人自身高度的一半，同时保持平均每小时 8 千米 / 小时的奔跑速度。

在最近接受来自麻省理工学院新闻办公室的 Jennifer Chu 的采访中，麻省理工学院的机械工程助理教授 Sangbae Kim 表示，"跑跳是完全动态的行为，你必须处理好平衡、能量以及落地后的冲击问题。我们的机器人是专为那些高度灵活的行为而设计的。"

Kim 和他的同事（包括研究科学家 Hae won Park 和博士后 Patrick Wensing）计划在 6 月的 DARPA 机器人挑战赛上展示他们可以跑跳的猎豹机器人，并在 7 月的"机器人：科学和系统"会议上提供一份详细介绍该自动系统的论文。

2014 年 9 月，该团队展示了猎豹机器人无需接电源即可奔跑。Kim 指出，机器人采用"盲"技术实现这一功能，而不使用相机或其他视觉系统。

现在，机器人配备了激光雷达系统，即一种使用激光反射地形地图的视觉系统，因而可以"看得到"。该团队开发了一种由 3 个部分组成的算法，可基于激光雷达数据规划出机器人的路径。机器人身上装载了视觉和路径规划系统，这使其具备完全的自主控制能力。

算法的第一部分使机器人能够探测障碍物并预估其大小和距离。研究人员设计了一个公式来简化视觉场景，用一条直线表示地面，将任何障碍物视作偏离这条直线。使用这个公式，机器人可以预估一个障碍物的高度和距离。

一旦机器人检测到障碍物，算法的第二部分便开始运行，支持机器人调整其接近障碍物的方式。该算法基于障碍物的距离预测最佳起跳位置，从而可以安全地越过障碍，然后计算出机器人从当前位置到最佳位置所需的步数，相应地加快或减慢速度，以便从理想的弹跳点起跳。

这个"行近调整算法"是动态运行的，优化机器人每一步的步幅。优化过程需要约 100 毫秒，这是大约完成一个跨步所需时间的一半。

当机器人到达起跳点时，算法的第三部分将接着确定其跳跃轨迹。基于障碍物的高度和机器人的速度，研究人员设计出了一个公式，用于确定机器人的电机应施加多大的作用力才能使机器人安全跨越该障碍。该公式实际上是将力量施加于机器人的正常跳跃步态中，Kim 指出其本质上是"小跳跃的顺序执行"。如要查看其实际跑跳效果，请访问 http://newsoffice.mit.edu/2014/mit-cheetah-robot- runs-jumps-0915。

Jeff 和 Lily 机器人集体下海作业

41 个微型机器人潜艇组成一个机器人潜艇群。虽然数量非常多，但事实上逐个控制它们不太可能。唯一的方法是让它们具备一定的群体智能水平，使每个个体机器人都可以单独作业，也可以作为一个整体共同完成一个目标。

CoCoRo（集体认知机器人）项目由欧洲委员会资助，自 2011 年以来一直致力于研究自治水下机器人（AUV）异构群。但最重要的是要知道，这些机器人中有 20 个机器人叫 Jeff。

Jeff 非常强大，它们能够以 1 m/s 的速度逆流游动。另一种水下机器人 Lily

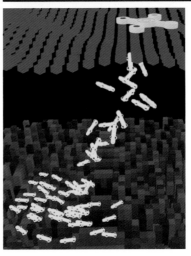

不那么壮实，因此待在水中较高的位置，充当 Jeff 机器人、基站和其他地区之间的通信链路。

每个水下机器人都能够独立作业，并作为小群体的一员彼此共享数据。然后整个群体基于集体数据做出决策。其好处与任何机器人群一样：可通用，适应性强，耐用性非常强，失去单个成员也不会受影响。如果丢失一些 Lily 机器人和 Jeff 机器人，当然这也非常令人难过，但是不会影响任务的执行。

机器人的特定群体行为基于群体性动物建模；这些动物包括鱼、鸟、群居昆虫甚至黏菌。

一群 Lily 机器人可以通过发射和接收脉冲光信号一致地成群聚集。类似于黏菌或萤火虫，此类脉冲信号从一个主体传送到另一个，形成穿过整个群体的信号波。这些波用来将 Lily 机器人以群体形式集中在一起，保持其协调一致，并让其朝着期望的方向游动。

在实际应用中，一个可能的场景是：Jeff 机器人展开水下搜索，定位目标，找到目标时彼此发送信号，然后召集 Lily 机器人帮助与基站通信。

Muribot 机器人套件

Muribot 是一种经济实惠的紧凑型机器人套件，旨在便于各年龄段和技能水平的人编码和制作机器人。它配备了高品质硬件（通常这种硬件仅可见于大学），旨在随着用户能力的提高而提升复杂度。这使得 Muribot 显著不同于针对特定技能水平创建的机器人平台。通过努力提供高品质学习体验，Muribot 的目标是成为 STEM 市场上的主要竞争者，并于 2015 年 5 月开始集资来实现这一目标。

该机器人预装一个遥控器演示，这意味着它开箱即可用。代码是用 C 语言在 MPLAB IDE 中编写，而且 Muribot API 使其易于上手使用，不需要有相关经验。高水平的用户可直接开始控制硬件，而不用管 API。

我们可使用 Muribot 探索不同层面的概念，从简单的线跟踪和量距到更高级的神经网络和群

体机器人设计。

该平台装有 25 个传感器，其中包括 8 个红外线近距离传感器和环境光传感器、三轴加速度计和磁强计、角速度陀螺仪等。内部 900 毫安的电池需要 1-2 小时来充电，并且每次充完电可运行 6-8 小时。Muribot 是 FOSS（免费开源软件）和免费义务教育活动的一部分，因此完全开源，可供创客使用。

可穿戴隐形椅

最近，一家瑞士的初创公司 noonee 联手德国汽车制造商 Audi 对其 Chairless Chair 完成了第一轮测试。Chairless Chair 是一款穿戴式的外骨骼座椅，为生产线上的工人提供了在工作中随时坐下的机能，从而预防这类工作中非常普遍的重复性创伤和健康问题。

noonee 设计了一个外骨骼来支撑佩戴者，而非仅仅提供一个座椅，从而让佩戴者可以继续使用其肌肉，避免了肌肉萎缩问题。

在 Audi 测试的 Chairless Chair 版本叫 TITAN，由钛合金制成。下一阶段该公司将研制一个由碳制成的版本。

阳光普照

Ecoppia 是一家 2013 年成立的以色列公司，该公司主要向在沙漠地带设有太阳能发电厂的电力公司提供全自动太阳能

电池板清洁系统。Ecoppia 最近将其太阳能电池板清洁系统安装在 5 个选址，包含超过 35MW 装机容量。

他们的系统每个月清洁大约 500 万个太阳能电池板。

实现对小机器人群的控制

随着机器人朝着体积越来越小、越来越便宜和功能越来越强大的方向发展，小机器人群往往比大机器人更受青睐。随着群体机器人的规模和复杂度的增加，直观的实时控制方法变得至关重要。Georgia Tech 的 GRITS（Georgia 机器人和智能系统）实验室开发出一种仅使用平板电脑和一两根手指动态控制成群机器人的方法。

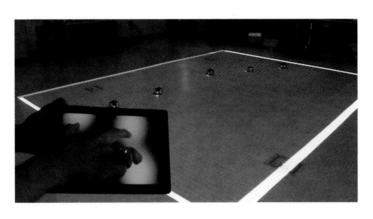

虽然机器人通常对确定完成任务的高效方式非常在行，但它们并不擅长适应变化和确定需要完成哪些任务，尤其是当它们需要动态改变任务的优先级时。这时就需要人类介入。

凭借 Georgia Tech 的系统，初级用户也可通过轻点平板电脑分配任务，然后一群机器人将彼此协调完成这些任务。

该系统旨在用于完成灾难搜救任务， 这类任务涉及高效穿越大量崎岖的地形，而这正是机器人擅长的事情。它们可毫不费力地彼此合作搜索一个区域。

同时，人类可确认感兴趣的区域，将这些区域设定为群体机器人的搜索目标。一旦分配了一个新目标，机器人将基于一个算法重新部署自身，该算法可保证最佳覆盖范围，而完全无需人类介入。

无人机投入营救任务

近日美国北德克萨斯州部分地区遭遇强风和暴雨，造成整个地区停电，引发大面积洪灾。

据报道，仅约翰逊县就出动了 13 次水上救援，其中一次救援行动由无人机执行。

Kastel 一家住在一座活动房屋里，这座房屋完全被水包围。据福克斯新闻频道报道，迅疾的水流使得消防人员无法靠近这个家庭。

这时约翰逊县紧急救援人员决定使用 DJI 无人机救援 Kastels 一家。Garrett Bryl 自愿献出其名为 Valkyrie 的无人机，几个月来，它在紧急情况下提供帮助。

约翰逊县应急管理主任 Jamie Moore 说，"他们将一条小测锤绳，也就是非常小的绳子，连接到无人机底部，然后救援人员便可利用与房屋之间的这根绳索将自己拉到河对岸的受灾房屋前。"

无人机正被越来越多地用于灾难救援。尼泊尔于 2015 年 4 月 25 日遭受了其有史以来最严重的地震，在此期间，他们使用无人机进行航拍并测绘出受地震影响的区域。然后将此信息传递给地面上的救援人员。

图示中，得克萨市州约翰逊县的紧急救援人员试图将一家人从被水淹没的房屋中解救出来。

自我折叠折纸机器人

在最近的机器人与自动化国际会议上，MIT 研究人员展出了一款可打印的折纸机器人，该机器人经加热就可以从一个塑料片形态把自己折叠起来，长度约为 1 厘米。

FOR THE
ROBOT
INNOVATOR

该机器人重约 0.34 克，可以游泳，爬斜坡，穿过崎岖的地形，并承受两倍于其自身重量的负荷。除了自折叠式塑料片之外，机器人唯一的部件就是一个固定在其背面的永磁体。其运动由外部磁场控制。

一旦机器人折叠起来，对其背面上的永磁体合理施加磁场将促使其身体弯曲。机器人的前脚与地面之间的摩擦，大到足以支持在前脚固定不变的同时抬起后脚。然后，另一个序列的磁场促使机器人的身体轻微扭转，这打破了前脚的附着力，接着，机器人向前移动。

当引入人体内时，MIT 的可溶解微型折纸机器人具有多种医疗用途，比如消灭癌细胞或疏通动脉。

Google 的驾驶记录

最近的一份报告揭示了 Google 的自动驾驶汽车卷入的事故数量。

Google 表示，其 20 辆自动驾驶汽车自 2009 年上路以来发生了 11 起事故。所有事故（都是轻微事故，未造成伤亡）事实上都是因驾驶其他车辆的人引起的。Google 声明，没有一起事故是由其自动驾驶汽车引起的。

以下是事故明细：

· 7 起事故是因 Google 汽车被追尾而致；

· 两起是刮蹭；

· 一起事故是因一辆汽车驶过一个停止标志而致；

· 8 起事故发生在城市街道上。

变刚度致动器

柔性致动器在机器人身上得到广泛使用，因为它们便宜（由塑料或聚合物和空气制成），本质上很适用，且人类使用起来相对安全。此外，它们能够自我调整来夹住各种不同的物体。柔软固然好，但如果你需要带一定刚度的致动器呢？这时该怎么办？

柏林工业大学的研究人员在Oliver Brock 教授的带领下，将柔性气动执行器与一个干扰系统结合起来，创造出一个可随需变软或变硬的变刚度致动器。他们称之为Pneuflex。

研究人员测试了三种不同的干扰系统，包括传统的咖啡渣，以及其他两个基于氧化层和交错层的设计。

他们最终选定了交错层设计，因为该设计干扰起来需要较少的压力，不过制造起来更复杂。

其原理是：当交错层之间有空气时，它们可以相互碰撞挤压，从而让致动器弯曲。当空气被抽出时，交错层彼此压靠，致动器变硬。你可以使用注射器或泵来手动完成此操作，也可以自动完成此操作。

测试的 3 个干扰系统包括：颗粒干扰、鱼鳞状重叠层干扰，以及堆叠交错层干扰。

总体而言，被干扰的致动器展现出 8 倍的劲度，因而需施加 2.3 倍的力度，效果相当显著。

顺便提一下，你可以自己随意制作这些致动器。相关说明参见 www.robotics.tu-berlin.de/menue/research/compliant_manipulators/pneuflex_tutorial/。

AVERT 新型拖车装置

VERT 的全称是用于车辆提取和运输的自主多机器人系统，它由四只微型机器人和一个可举

起重达两吨车辆的大型起重吊架组成。该机械装置配有两个激光器和一个数码相机，用于扫描目标区域，寻找可能存在的障碍，并规划最安全的障碍排除方式。

然后将小机器人附着在需要抬起的车辆的轮胎下。它仅将车抬起一英寸，但这足以让微型机器人安全将车移走。

开发该装置的目的是供执法部门使用。AVERT可用于从建筑、隧道、地下车库和矮桥等场所中移走可疑或阻碍的车辆。微型机器人旨在从其他拖车无法进入的狭小封闭场所移走车辆。

由于 AVERT 采用精细的处理方式，无需担心车辆受损。此外，这些机器人可安全移走载有爆炸物或其他危险物品的车辆，完全无需人工干预。

该系统自 2012 年便处于开发中，预计将于 2016 年开始投入生产。

空中接线充电

对无人机而言电池续航时间是个问题。不管是民用无人机、商用无人机还是军用无人机，所有人都希望这些飞行机器人能在空中停留更长的时间。

波音公司可能已经找到一种方法来做到这一点。事实上，他们因此被授予一项专利，此项专利仅适用于飞艇式和其他飘浮无人机。

此专利是一个系统，该系统使用的带缆无人机可连接地面电源，在飞行中充电。一驾无人机充满电后继续其愉快的旅程，给另一架无人机腾出空间来使用充电站。

根据此项专利，无人机要么系上缆绳连接到充电站，要么飞到一根浮动缆绳处连接充电。甚至可将系绳连接到移动车辆，让无人机在飞行中充电。

此项专利面向飞艇式无人机，因此可能尚不适用于较受欢迎的四旋翼民用无人机。这只是为了延长飞行时间所做的最新尝试。

新加坡一家名为 Horizon Unmanned Systems 的公司最近公布了其靠氢能源运行的 Hycopter 无人机，该无人机一次可连续飞行 4 小时，携带 1 千克的有效载荷时可飞行 2.5 小时。

Hycopter 的机架以氢气（而非空气）的形式存储能量，从而消除了储能重量。

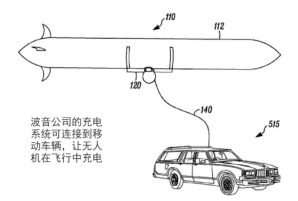

波音公司的充电系统可连接到移动车辆，让无人机在飞行中充电